C 语言单片机控制及应用项目教程

主　编　杨旭方

副主编　颜重波　张俊武

電子工業出版社

Publishing House of Electronics Industry

北京·BEIJING

内 容 简 介

本书以任务驱动为主线，结合考证需要精心设计任务（项目），以必需、够用为原则，注重工程实践，强化动手能力的培养，书后附有多套考证样题，适合不同层次读者的需要。

本书共设置了 13 个项目，通过对 13 项制作任务的讲解，让读者掌握单片机入门知识、输入与输出口应用、键盘接口技术、中断原理及应用、定时/计数器原理及应用、数码管静态显示、数码管动态显示、LED 点阵显示、A/D 转换、D/A 转换、串口通信技术、I^2C 总线技术以及液晶显示温度计设计等相关知识，重点突出各项技能实训。

本书以培养读者对单片机的应用能力为宗旨，突出基础知识的掌握和实践技能的训练，充分体现了职业院校为国家培养技能人才的特点。

本书可以作为职业技术院校及专业培训教材使用，也适合从事单片机开发的技术人员阅读。

未经许可，不得以任何方式复制或抄袭本书之部分或全部内容。

版权所有，侵权必究。

图书在版编目（CIP）数据

C 语言单片机控制及应用项目教程 / 杨旭方主编. —北京：电子工业出版社，2017.9

ISBN 978-7-121-32826-8

Ⅰ. ①C… Ⅱ. ①杨… Ⅲ. ①单片微型计算机－C 语言－计算机控制－教材 Ⅳ. ①TP368.1②TP312.8

中国版本图书馆 CIP 数据核字（2017）第 243882 号

策划编辑：张瑞喜

责任编辑：张瑞喜

印　　刷：中国电影出版社印刷厂

装　　订：中国电影出版社印刷厂

出版发行：电子工业出版社

北京市海淀区万寿路 173 信箱　邮编　100036

开　　本：787×1092　1/16　印张：13　字数：316 千字

版　　次：2017 年 9 月第 1 版

印　　次：2017 年 9 月第 1 次印刷

定　　价：35.00 元

凡所购买电子工业出版社图书有缺损问题，请向购买书店调换。若书店售缺，请与本社发行部联系，联系及邮购电话：（010）88254888，88258888。

质量投诉请发邮件至 zlts@phei.com.cn，盗版侵权举报请发邮件至 dbqq@phei.com.cn。

本书咨询联系方式：zhangruixi@phei.com.cn。

前　言

本教程融进了作者多年教学实践和科研工作的经验积累，是作者多年课程教学改革成果的体现，编写特色如下。

1. 以“任务驱动”为主线，通过“项目任务”带动教学

本教程编写以“布置任务”、“分析任务”“探索知识”和“完成任务”为主线，将知识点融入到活生生的“任务”中，让读者在完成“任务”的过程中激发兴趣，掌握知识，并培养发现问题、分析问题和解决问题的能力。

2. 结合考证需要，精心设计“项目任务”

本教程结合单片机快速开发专项能力认证和实际教学要求，精心设计“项目任务”，力求“任务”符合考试大纲要求，同时，为了降低学习难度，将学习重点、难点巧妙地隐含到各个小“任务”中，力求一个“任务”解决2~3个重点和难点。

3. 以“够用、适用”为原则，注重工程实践

全教程以“任务”为主线，以考证、工程实际需要为目的组织、安排项目内容，以“够用、适用”为原则，摒弃过时、应用不多且难度较大的内容，力求内容能满足上岗、教学和生产需要，真正做到学习与就业无缝对接。

4. 强化动手能力培养，适合不同层次学习需求

全教程所有“任务”制作步骤简洁明了，读者根据书中操作提示便可以完成“任务”，通过“任务”的解决，培养读者实操能力。

本书由杨旭方任主编，颜重波、张俊武任副主编，余巧书、谢振兴、姜异秀参与编写。其中杨旭方编写项目六、项目九、项目十和附录A、附录B、附录C，颜重波编写项目一至项目四，张俊武编写项目七、项目八、项目十二，谢振兴编写项目十一，余巧书编写项目十三，姜异秀编写项目五，全书由杨旭方统稿，并得到了陈键等老师大力帮助，在此表示感谢！

由于作者水平有限，书中难免有不妥之处，恳请读者批评指正。

编　者

二〇一七年八月三日

目　录

项目一 单个彩灯闪烁
——单片机入门知识

愿你知多点

在日常生活中，我们经常使用各种显示器，例如LED路灯、酒店霓虹灯、市场广告灯等。那么，这些显示器是如何制作的呢？用什么元件控制？在这里，我们将通过完成“单个彩灯闪烁”任务来学习制作LED显示器的方法及单片机的相关知识。

LED发光二极管应用实例图示如图1-1所示。

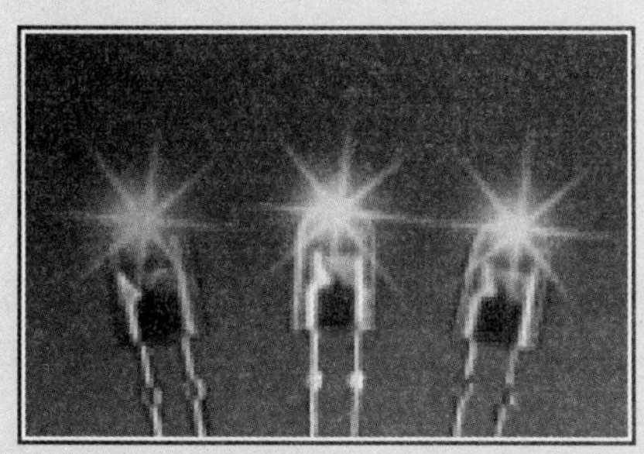

图1-1 LED发光二极管应用实例图示

教学目的

掌握：单个彩灯接口电路设计方法；LED发光二极管的基本使用。
理解：单个彩灯闪烁编写方法。
了解：单片机的内部结构及相关知识。

1.1 能力培养

本项目通过完成“单个彩灯闪烁”任务，可以培养读者以下能力：

（1） 能识别 LED 发光二极管的引脚；
（2） 能正确使用 LED 发光二极管；
（3） 能制作单个彩灯。

1.2 任务分析

要完成此项任务，需要掌握以下五方面知识：

（1） 如何使用 LED 发光二极管；
（2） 如何使用二进制数和十六进制数；
（3） 如何使用单片机；
（4） 如何设计 LED 发光二极管与单片机接口电路；
（5） 如何设计单个彩灯闪烁程序。

下面将从这五方面进行学习。

1.3 如何使用 LED 发光二极管

从图 1-2 和图 1-3 中可以看出，LED 发光二极管与普通二极管一样，共有两只引脚，其中 A 为正极（也称阳极），K 为负极（也称阴极），内部是由一个 PN 结组成的，且具有单向导电性（即正向导通，反向截止），但其导通开启电压比普通二极管高，一般为 1.2～2.5V。

图 1-2　LED 发光二极管实物

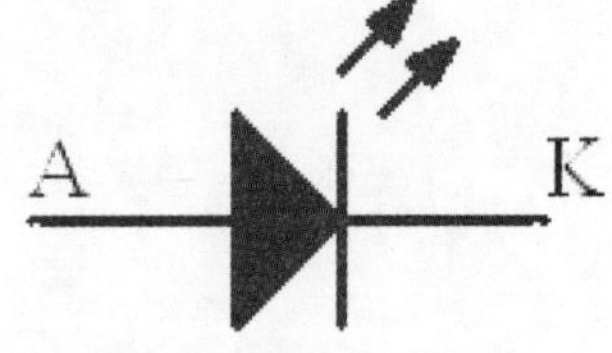

图 1-3　LED 发光二极管电路符号

发光二极管正向导通时，二极管点亮，发光亮度与材料、结构以及工作电流有关，一般来说，工作电流越大，亮度越大；发光二极管反向截止时，二极管灭，因此，只要控制发光二极管两端的电压，就可以实现单个 LED 灯的闪烁控制。

1.4　如何使用二进制数和十六进制数

1.4.1　数制

所谓数制，就是人们利用符号计数的一种科学方法，数制有很多种，计算机常用的数制有二进制、十六进制和十进制 3 种。一个数值，可以用不同数值表示。日常生活中，人们经常使用十进制数，而在计算机中，主要使用二进制数。由于二进制数由一长串 0 和 1 组成，位数太多，不便于书写和记忆，因此，我们编程时主要使用十六进制数。

1. 十进制（Decimal）

十进制数共有 10 个数字符号，它们分别为 0、1、2、3、4、5、6、7、8、9，这 10 个数字符号又称数码。主要特点如下：

（1） 有 0～9 共 10 个数码；

（2） 基数为 10，逢十进一；

（3） 十进制数用 D 表示。

任何一个十进制数可以用按权展开方式表示，方法如下。

$D=A_{n-1}\times10^{n-1}+\ldots+A_2\times10^2+A_1\times10+A_0+A_{-1}\times10^{-1}+A_{-2}\times10^{-2}+\cdots$

其中，A_i 为十进制数的第 i 位，10^i 为十进制数的第 i 位的权。例如十进制数 35 可表示为：

$$35D=3\times10+5$$

2. 二进制（Binary）

二进制数只有两个数码，即 0 和 1，特点是逢二进一，用 B 表示。

同理，任何一个二进制数可以用按权展开方式表示，方法如下。

$B=A_{n-1}\times2^{n-1}+\cdots+A_2\times2^2+A_1\times2+A_0+A_{-1}\times2^{-1}+A_{-2}\times2^{-2}+\cdots$

其中，A_i 为二进制数的第 i 位，2^i 为二进制数的第 i 位的权。例如二进制数 1011 可表示为：

$$1011B=1\times2^3+0\times2^2+1\times2^1+1$$

3. 十六进制（Hexadecimal）

十六进制数共有 16 个数码，即 0、1、2、3、4、5、6、7、8、9、A、B、C、D、E 和 F，其特点是逢十六进一，用 H 表示。

十六进制数也可以按权展开，方法与十进制数类似，具体如下。

$H=A_{n-1}\times16^{n-1}+\cdots+A_2\times16^2+A_1\times16+A_0+A_{-1}\times16^{-1}+A_{-2}\times16^{-2}+\cdots$

其中，A_i 为十六进制数的第 i 位，16^i 为十六进制数的第 i 位的权。例如十六进制数 17 可表示为：

$$17H=1\times16+7$$

以字母开头的十六进制数在书写时要在字母前加0，如BH要写成0BH。

1.4.2　数制转换

1.　二进制数与十进制数之间的转换

（1）　二进制数转换成十进制数。

要将二进制数转换成十进制数，只要将二进制数按权展开后相加即可。例如：

$$011B=1\times2^3+0\times2^2+1\times2^1+1=11D$$

（2）　十进制数转换成二进制数。

将十进制数转换成二进制数通常采用“除2取余倒记法”，具体方法是先用2连续去除十进制数，直到商小于2为止，再将各次所得的余数按逆序书写。

例如，将15H转换为二进制数，转换过程为：

```
2 | 15   1
  2 | 7   1
    2 | 3   1
        1
```

“除2取余倒记法”适用于十进制整数转换成二进制数，若十进制数为小数，则采用“乘2取整顺记法”。
例如，将0.75H转换为二进制数，转换过程为：
0.75×2=1.5，取1.5的整数部分为1；1.5去除整数部分后为0.5，而0.5×2=1.0，
则：0.75D=0.11B。

2.　十六进制　　十进制数之间的转换

（1）　十六进制数转换成十进制数。

要将十六进制数转换成十进制数，只要将十六进制数按权展开后相加即可。例如：

$$15H=1\times16+5=21D$$

（2）　十进制数转换成十六进制数。

将十进制数转换成十六进制数通常采用“除16取余倒记法”，具体方法是先用16连续去除十进制数，直到商小于16为止，再将各次所得的余数按逆序书写。

例如，将35D转换为十六进制数，转换过程为：

$$\begin{array}{r|ll} 16 & 35 & 3 \\ \hline & 2 & 2 \end{array}$$

“除 16 取余倒记法”适用于十进制整数转换成十六进制数，若十进制数为小数，则采用“乘 16 取整顺记法”。

例如，将 0.625 转换为十六进制数，转换过程为：

0.625×16=0AH，取 0A 的整数部分为 A，则 0.75D=0.AH。

3. 十六进制数与二进制数之间的转换

（1） 二进制数转换成十六进制数。

将二进制数转换成十六进制数通常采用“四合一法”，具体方法如下：

① 整数部分从二进制数的低位（即小数点前面）开始，每 4 为作为一组，划分整数部分，不足 4 位左补 0；

② 小数部分从二进制数的高位（即小数点的后面）开始，每 4 为作为一组，划分小数部分，不足 4 位又补 0。

例如，将 101.11B 转换成十六进制数。

$$\underline{0101}.\underline{1100}$$
$$5\quad C$$

则，101.11B=5CH。

（2） 十六进制数转换成二进制数。

将十六进制数转换成二进制数通常采用“一分为四法”，具体方法如下：

将十六进制数的整数部分和小数部分的每 1 位均用 4 位二进制数表示，然后在删除整数部分前面和小数部分后面多余的 0。

例如，将 3A.5H 转换成二进制数。

$$\begin{array}{ccccc} 3 & & A & . & 5 \\ \underline{0011} & & \underline{1010} & . & \underline{0101} \end{array}$$

1.5 如何使用单片机

1.5.1 单片机简介

单片微型计算机（Single-Chip Microcomputer）简称单片机，是微型计算机发展的一个重要分支。它采用超大规模技术将具有数据处理能力的微处理器（CPU）、随机存储器（RAM）、只读存储器（ROM）、输入与输出接口等电路集成到一个芯片上，构成一个微型计算机系统。因单片机具有体积小、功能强、可靠性高、功耗低等优点，在家用电器、自动化仪表、工业控制等领域得到了广泛的应用。

单片机的应用改变了传统控制系统的设计理念。传统控制系统中的继电器、可控硅以及其他电路的控制，在单片机系统中将由软件来实现。软件控制既节省了成本，又提高了控制系统的可靠性。

1.5.2 MCS-51 单片机引脚

MCS-51 系列单片机常见的封装方式有双列直插式封装（DIP）和方形扁平式（QFP）封装两种，下面，以 40 脚的 DIP 封装为例来介绍单片机的引脚，如图 1-4 所示。

（a）实物外形

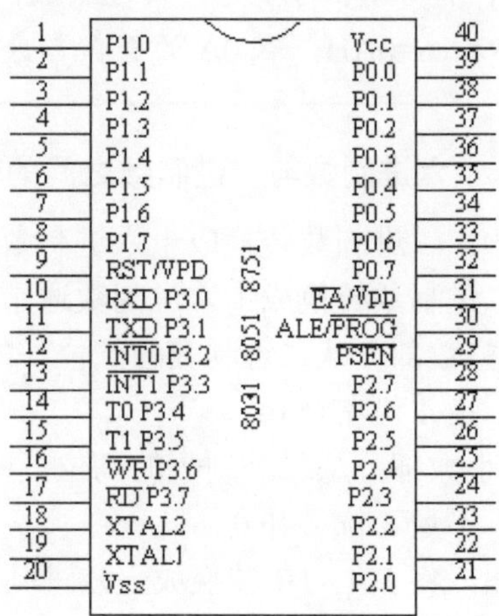

（b）引脚排列

图 1-4　MCS-51 系列单片机

1. 电源引脚

Vcc：电源输入端，一般为+5V。

Vss：接地端。

2. 时钟引脚

在使用内部振荡电路时，XTAL1 和 XTAL2 用于外接晶体振荡器（简称晶振）和微调电容器，振荡频率为晶振频率。在使用外部时钟时，XTAL1 和 XTAL2 用于外接时钟源。

3. 控制信号引脚

（1） RST/*V*pd。

RST 为复位信号输入端。当 RST 保持两个机器周期（24 个时钟周期）以上的高电平时，单片机完成复位操作。第二功能 Vpd 为单片机内部 RAM 的备用电源输入端。当主电源 Vcc 一旦发生断电（也称为掉电或失电）或电压降到一定值时，可以通过 Vdp 为单片机内部 RAM 提供电源，以保护片内 RAM 中的信息不丢失，且上电后能够继续正常运行。

（2） ALE/$\overline{\text{PROG}}$。

ALE 为地址锁存信号。当访问外部存储器时，ALE 用于锁存 P0 口输出的低 8 地址信号。在不访问外部存储器时，ALE 可以输出 1/6 晶振频率的脉冲信号，该脉冲信号可以用于外部定时。第二功能 $\overline{\text{PROG}}$ 为 8751 内部 EPROM 编程时的编程脉冲输入端。

（3）　$\overline{\text{PSEN}}$。

$\overline{\text{PSEN}}$ 为外部程序存储器的读选通信号，当访问外部 ROM 时，$\overline{\text{PSEN}}$ 产生负脉冲作为外部 ROM 的选通信号。

（4）　$\overline{\text{EA}}$ /Vpp。

$\overline{\text{EA}}$ 为访问外部程序存储器的控制信号。当 $\overline{\text{EA}}$ 为低电平时，CPU 访问外部程序存储器，当 $\overline{\text{EA}}$ 为高点平时，CPU 访问内部程序存储器。由于 8031 没有片内 ROM，因此 $\overline{\text{EA}}$ 必须接地。第二功能 Vpp 为 8751 片内 EPROM 的 21V 编程电源输入端。

4. I/O 端口

（1）　P0 口（P0.0～P0.7）。

P0 口第一功能是一个 8 位漏极开路型的双向 I/O 口。第二功能是在访问外部存储器时，分时提供低 8 位地址和 8 位双向数据。在对 8751 片内 EPROM 进行编程和校验时，P0 口用于数据的输入和输出。

（2）　P1 口（P1.0～P1.7）。

P1 口是一个内部带有上拉电阻器的 8 位准双向 I/O 口。

（3）　P2 口（P2.0～P2.7）。

P2 口第一功能是一个内部带有上拉电阻器的 8 位准双向 I/O 口。第二功能是在访问外部存储器时，输出高 8 位地址。

（4）　P3 口（P3.0～P3.7）。

P3 口第一功能是一个内部带有上拉电阻器的 8 位准双向 I/O 口。在系统中，这 8 个引脚又具有各自的第二功能，如表 1-1 所示。

表 1-1　P3 口的第二功能

引　脚	第二功能名称	第二功能说明
P3.0	RXD	串行数据输入端
P3.1	TXD	串行数据输出端
P3.2	$\overline{\text{INT0}}$	外部中断 0 输入端
P3.3	$\overline{\text{INT1}}$	外部中断 1 输入端
P3.4	T0	定时/计数器 T0 外部输入端
P3.5	T1	定时/计数器 T1 外部输入端
P3.6	$\overline{WR}$	外部数据存储器写选通信号
P3.7	$\overline{RD}$	外部数据存储器读选通信号

P0 口的每一位能驱动 8 个 LSTTL 门输入端，P1～P3 口的每一位能驱动 3 个 LSTTL 门输入端。

1.5.3 MCS-51 单片机的基本结构

MCS-51 系列单片机主要有 8031、8051 和 8751 三种基本产品，它们的内部结构基本相同，唯一区别是内部程序存储器 ROM 配置不一样。其中 8031 内部没有 ROM，8051 内部含有 4KB 的掩模 ROM，8751 内部含有 4KB 的 EPROM。本书以 8051 为例介绍 MCS-51 系列单片机的基本结构。

8051 单片机结构图如图 1-5 所示。8051 单片机主要包括以下几个部件。

① 1 个 8 位的 CPU。

② 1 个内部时钟电路。

③ 4KB 的程序存储器 ROM。

④ 128B 数据存储器 RAM。

⑤ 可寻址外部程序存储器和数据存储器空间为 64KB。

⑥ 21 个特殊功能寄存器 SFR。

⑦ 4 个 8 位的并行 I/O 口。

⑧ 1 个全双工串行口。

⑨ 2 个 16 位的定时/计数器。

⑩ 5 个中断源，两级中断优先级。

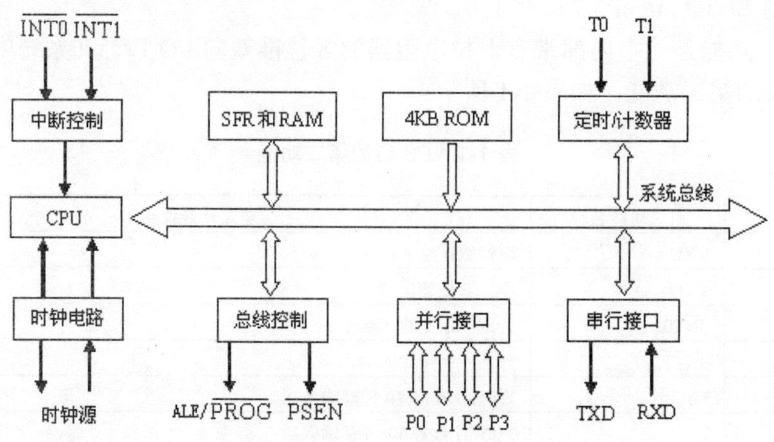

图 1-5　8051 单片机结构图

1.5.4 MCS-51 单片机时序与时钟电路

单片机执行指令时总是按照时钟节拍自动地、一步一步地执行，各指令操作有严格的时间顺序，这种时间顺序我们称为 CPU 的时序。时序信号来源于 CPU 的时钟，下面分别对 CPU 的时序和时钟进行介绍。

1. CPU 时序

CPU 时序如图 1-6 所示。为了更好地理解单片机时序，下面介绍几个跟单片机时序有关的概念。

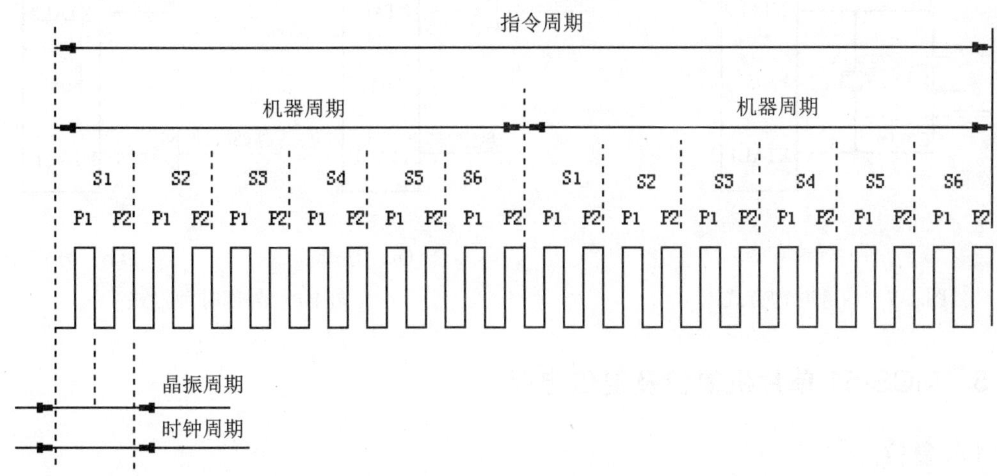

图 1-6　MCS-51 单片机时序

（1）　晶振周期。

晶振周期是最小的时序单位，它是晶振频率（f_{osc}）的倒数。例如 6MHz 的晶振，则晶振周期为 167ns。

（2）　时钟周期。

时钟周期又称为状态周期，从图 1-6 中可以看出，时钟周期是晶振周期的两倍，可以分为 P1 和 P2 两个节拍，一般 P1 节拍完成算术逻辑操作，P2 节拍完成内部寄存器之间的数据传送操作。

（3）　机器周期。

1 个机器周期为 12 个晶振周期，一般来说，指令的执行时间通常用机器周期作为基本单位来衡量。

（4）　指令周期。

指令周期是单片机执行一条指令所用的时间，MCS-51 单片机的指令按指令执行时间的长短可以分为单周期（即 1 个机器周期）指令、双周期指令和四周期指令 3 种，其中，只有乘法和除法指令为四周期指令，其余指令均为单周期指令和双周期指令。

2.　时钟电路

单片机的时钟电路可以分为内部时钟方式和外部时钟方式两种。

（1）　内部时钟方式。

内部时钟方式电路如图 1-7 所示。内部时钟方式电路由单片机外接晶振 Y、电容器 C1 和 C2 以及单片机内部振荡电路组成。晶振的频率为 0～40MHz，典型值为 6MHz 和 12MHz，补偿电容器 C1 和 C2 的值为 5～30pF，典型值为 30pF。

（2）　外部时钟方式。

外部时钟方式如图 1-8 所示。从图中可以看出，该方式的时钟信号由外部引入。对于 TTL 类型 CPU 采用方式 1，对于 CMOS 类型 CPU 采用方式 2。

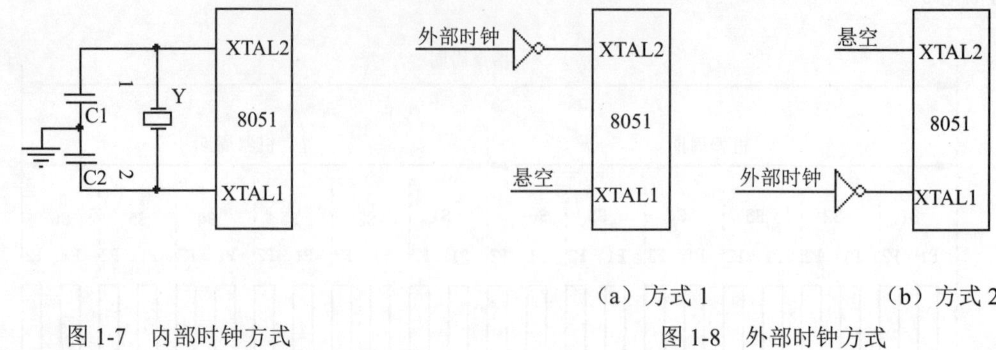

（a）方式 1　　（b）方式 2

图 1-7　内部时钟方式　　图 1-8　外部时钟方式

1.5.5　MCS-51 单片机复位及复位电路

1.　复位

单片机的复位与计算机的重启类似，其目的让单片机处于一个确定的初始状态。只要在单片机 RST 引脚上保持两个以上机器周期的高电平，单片机就可以实现复位。复位后，单片机从 0000H 单元开始执行指令。

2.　复位电路

常用的复位电路有自动复位和手动复位两种。

（1）　自动复位电路。

自动复位又称上电复位，由电容器 C 和电阻器 R 组成，如图 1-9 所示。接通电源瞬间，电源经过电容器 C 加到 RST 引脚，实现复位。

（2）　手动复位电路。

手动复位电路由复位开关 S1、电阻器 R1 和 R2 组成，如图 1-10 所示。当按下复位开关 S1 时，+5V 经 S1、R1 加到 RST 引脚，实现复位。

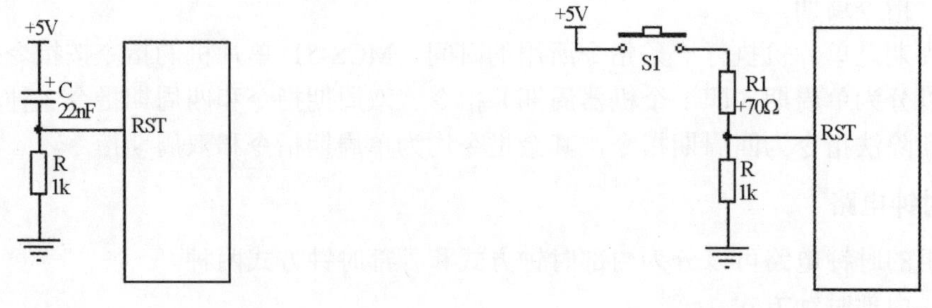

图 1-9　自动复位电路　　图 1-10　手动复位电路

1.5.6　MCS-51 单片机存储器结构

存储器是单片机的记忆元件，用于存储程序、常数、原始数据、中间结果和最终结果等。在应用单片机时，经常要使用单片机的存储器，下面将以 8051 为例介绍 MCS-51 系列单片机内部存储器结构。

单片机存储器分为程序存储器（ROM）和数据存储器（RAM）两大类，如图 1-11 所示。

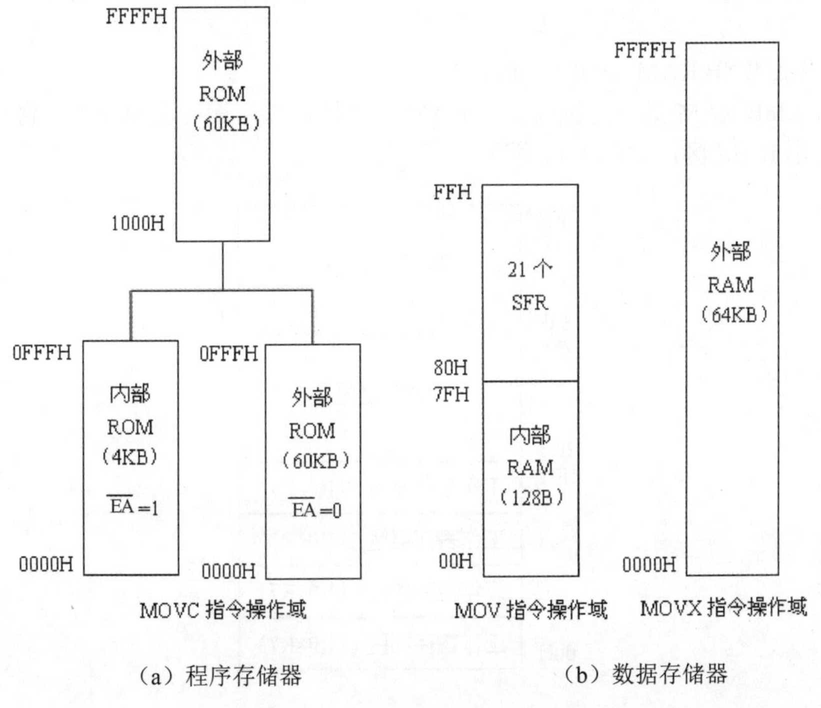

（a）程序存储器　　　　（b）数据存储器

图 1-11　8051 单片机存储器结构

1. 程序存储器（ROM）

程序存储器用于存放固定程序和常数，当关闭电源时，其所存储的信息不会丢失。8051 内部含有 4KB 程序存储器（ROM），地址范围为 0000H～0FFFH。另外，它还可以在外部扩展 64KB 的外部程序程序器（地址范围为 0000H～FFFFH），两者可以统一编址。

温馨提示

在程序存储器中，有些单元具有特殊含义，使用时必须注意：

① 0000H：单片机复位后的入口地址，PC=0000H，程序从 0000H 开始执行指令；

② 0003H：$\overline{INT0}$入口地址；

③ 000BH：定时/计数器 T0 溢出中断入口地址；

④ 0013H：$\overline{INT1}$入口地址；

⑤ 001BH：定时/计数器 T1 溢出中断入口地址；

⑥ 0023H：串口中断入口地址。

2. 数据存储器（RAM）

数据存储器用于存放单片机运行时临时产生的中间结果，当关闭电源时，其所存储的信息会丢失。单片机数据存储器可以分为内部数据存储器和外部数据存储器两类。

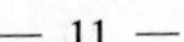

（1） 片内数据存储器。

单片机片内数据由低 128B RAM（00H～7FH）和 21 个特殊功能寄存器（SFR）两部分组成。

① 片内低 128B RAM（00H～7FH）。

片内低 128B RAM 是单片机的真正 RAM 存储器，按用途可以分为工作寄存器区、位寻址区和通用 RAM 区，如图 1-12 所示。

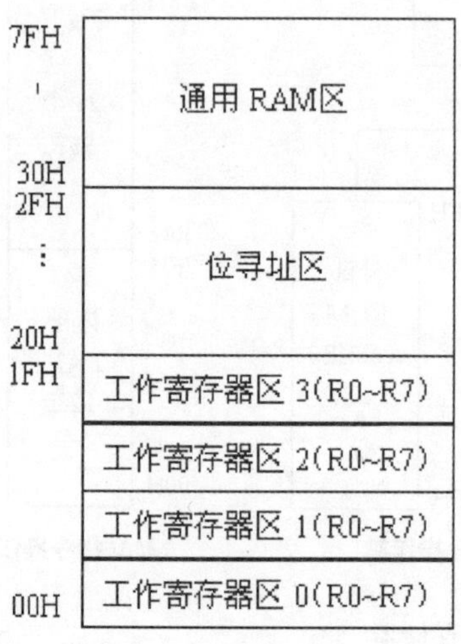

图 1-12 片内 RAM 结构图

- 工作寄存器区（00H～1FH）。

8051 共有 4 组工作寄存器，依次编号为工作寄存器 0、1、2 和 3，每组工作寄存器 8 个单元，均以 R0～R7 命名。通过对程序状态字 PSW 中的 RS0、RS1 位设置，可以选择不同的工作寄存器区，如表 1-2 所示。

表 1-2 工作寄存器区的设置

设置值		选择工作寄存器区	工作寄存器地址							
RS1	RS0		R0	R1	R2	R3	R4	R5	R6	R7
0	0	0	00H	01H	02H	03H	04H	05H	06H	07H
0	1	1	08H	09H	0AH	0BH	0CH	0DH	0EH	0FH
1	0	2	10H	11H	12H	13H	14H	15H	16H	17H
1	1	3	18H	19H	1AH	1BH	1CH	1DH	1EH	1FH

系统复位或上电后，自动选择工作寄存器 0。

- 位寻址区。

内部 RAM 的 20H～2FH 单元，既可作为一般 RAM 使用，进行字节操作，也可以对单元的每一位进行位操作，因此，把该区称为位寻址区，如表 1-3 所示。

表 1-3　片内 RAM 位寻址区的位地址

字节地址	位地址							
	D7	D6	D5	D4	D3	D2	D1	D0
2FH	7FH	7EH	7DH	7CH	7BH	7AH	79H	78H
2EH	77H	76H	75H	74H	73H	72H	71H	70H
2DH	6FH	6EH	6DH	6CH	6BH	6AH	69H	68H
2CH	67H	66H	65H	64H	63H	62H	61H	60H
2BH	5FH	5EH	5DH	5CH	5BH	5AH	59H	58H
2AH	57H	56H	55H	54H	53H	52H	51H	50H
29H	4FH	4EH	4DH	4CH	4BH	4AH	49H	48H
28H	47H	46H	45H	44H	43H	42H	41H	40H
27H	3FH	3EH	3DH	3CH	3BH	3AH	39H	38H
26H	37H	36H	35H	34H	33H	32H	31H	30H
25H	2FH	2EH	2DH	2CH	2BH	2AH	29H	28H
24H	27H	26H	25H	24H	23H	22H	21H	20H
23H	1FH	1EH	1DH	1CH	1BH	1AH	19H	18H
22H	17H	16H	15H	14H	13H	12H	11H	10H
21H	0FH	0EH	0DH	0CH	0BH	0AH	09H	08H
20H	07H	06H	05H	04H	03H	02H	01H	00H

- 通用 RAM 区。

片内 RAM30H～7FH 字节单元为通用 RAM 区，也称用户 RAM 区，共 80B，可以作为一般数据存储区和堆栈区使用。

② 21 个特殊功能寄存器（SFR）。

8051 单片机共有 21 个特殊功能寄存器，简记为 SFR（Special Function Registers），它们离散地分布在 80H～FFH 地址范围内，如表 1-4 所示。

表 1-4　8051 单片机特殊功能寄存器

SFR 名称	地址	位地址/位名称								复位值
		MSB							LSB	
B*	F0H	F7	F6	F5	F4	F3	F2	F1	F0	00H
		B.7	B.6	B.5	B.4	B.3	B.2	B.1	B.0	
A_{CC}*	E0H	E7	E6	E5	E4	E3	E2	E1	E0	00H
		A_{CC}.7	A_{CC}.6	A_{CC}.5	A_{CC}.4	A_{CC}.3	A_{CC}.2	A_{CC}.1	A_{CC}.0	
PSW*	D0H	D7	D6	D5	D4	D3	D2	D1	D0	000000x0B
		Cy	AC	F0	RS1	RS0	OV		P	
IP	B8H	BF	BE	BD	BC	BB	BA	B9	B8	xxx00000B
					PS	PT1	PX1	PT0	PX0	
P3*	B0H	B7	B6	B5	B4	B3	B2	B1	B0	FFH
		P3.7	P3.6	P3.5	P3.4	P3.3	P3.2	P3.1	P3.0	

（续表）

SFR 名称	地址	位地址/位名称								复位值
		MSB						LSB		
IE*	A8H	AF	AE	AD	AC	AB	AA	A9	A8	0x000000B
		EA			ES	ST1	EX1	ET0	EX0	
P2*	A0H	A7	A6	A5	A4	A3	A2	A1	A0	FFH
		P2.7	P2.6	P2.5	P2.4	P2.3	P2.2	P2.1	P2.0	
SBUF	99H									xxxxxxxxB
SCON*	98H	9F	9E	9D	9C	9B	9A	99	98	00H
		SM0	SM1	SM2	REN	TB8	RB8	TI	RI	
P1*	90H	97	96	95	94	93	92	91	90	FFH
		P1.7	P1.6	P1.5	P1.4	P1.3	P1.2	P1.1	P1.0	
TH1	8DH									
TH0	8CH									
TL1	8BH									
TL0	8AH									
TMOD	89H	GATE	C/T	M1	M0	GATE	C/T	M1	M0	00H
TCON*	88H	8F	8E	8D	8C	8B	8A	89	88	00H
		TF1	TR1	TF0	TR0	IE1	IT1	IE0	IT0	
PCON	87H	SMOD				GF1	GF0	PD	IDL	xxxxxxxxB
DPH	83H									00H
DPL	82H									00H
SP	81H									07H
P0*	80H	87	86	85	84	83	82	81	80	FFH
		P0.7	P0.6	P0.5	P0.4	P0.3	P0.2	P0.1	P0.0	

凡字节地址能被 8 整除（即十六进制地址码尾数为 8 或 0 的地址），可以位寻址，表中用“*”表示。

下面简单介绍部分特殊功能寄存器，其他没有介绍的将在有关项目中叙述。

- 累加器 A_{CC}。

累加器 A_{CC} 是一个 8 位的寄存器，通常简称 A，是最常用的专用寄存器，它既可以存放指令的操作数，也可以存放运算结果。

- B 寄存器。

B 寄存器是一个 8 位寄存器，主要用于乘除运算。做乘法运算时，B 存放乘数，乘法操作后，结果的高 8 位存放在 B 寄存器中。做除法运算时，B 存放除数，除法运算后，余数存放在 B 中。

- 程序状态字 PSW。

程序状态字 PSW 是一个 8 位寄存器，主要用于存放程序运行中的各种状态信息。其中部分位的状态是根据程序执行的结构由硬件自动设置，部分位是由用户设置的。程序状态字的各位定义如表 1-5 所示。

表 1-5　PSW 各位的定义

位　序	D7	D6	D5	D4	D3	D2	D1	D0
位标志	Cy	AC	F0	RS1	RS0	OV	-	P

Cy：借/进位标志。在执行减法或加法时，如果结果的最高位产生借位或借位时，CY 由硬件自动置 1，否则清 0。

AC：辅助借/进位标志。在执行减法或加法时，如果结果的低 4 位向高 4 位（即 D3 位）产生借位或借位时，AC 由硬件自动置 1，否则清 0。

F0：用户标志。由用户根据需要对 F0 置 1 或清 0，作为软件标志。

RS1、RS0：工作寄存器组选择控制位。由用户根据需要设置 RS1 和 RS0 的值，从而实现选择不同的工作寄存器组，如表 1-6 所示。

表 1-6　当前工作寄存器的选择

RS1	RS0		选择个工作寄存器组（R0～R7）
0	0		工作寄存器组 0
0	1		工作寄存器组 1
1	0		工作寄存器组 2
1	1		工作寄存器组 3

OV：溢出标志。在执行算术运算时，如果结果的最高位（即 D7 位）和次高位（即 D6 位）中有且只有一位产生借/进位，则 OV 置 1，说明运算结果超出有效范围（-128～+127），否则清 0。

P：奇偶标志。若累加器 A 中的 1 个数位奇数，则 P 置 1，否则清 0。

例如：累加器 A=97H，执行加法指令“ADD A，#79H”，情况如下。

```
      D7  D6  D5  D4  D3  D2  D1  D0
       1   0   0   1   0   1   1   1   B ; 97H
  +    0   1   1   1   1   0   0   1   B ; 79H
  ------------------------------------
    1  0   0   0   1   0   0   0   0   B ; 10H
```

D7 产生进位，则 CY=1；

D3 向高 4 位有进位，则 AC=1；

D7 和 D6 同时向高 1 位有进位，则 OV=0；

累加器 A 有 1 个 1，为奇数，则 P=1。

- 堆栈指针 SP。

堆栈指针 SP（Stack pointer）是一个 8 位的寄存器，堆栈主要用于响应中断或调用子程序时，保护断点地址。单片机复位后，SP 为 07H。

中断时，程序断点地址会自动压入堆栈，具体过程是：数据进入堆栈前，SP 先自动加 1，然后将低 8 位地址压入堆栈，SP 再加 1 后，再将高 8 位地址压入堆栈。

● 数据指针 DPTR。

数据指针 DPTR（Data pointer）是一个 16 位的寄存器，它由高 8 位寄存器 DPH 和低 8 位寄存器 DPL 组成，主要用于存放 16 位地址。

（2） 片外数据存储器

8051 单片机根据需要，可以扩展外部 RAM，地址范围为 0000H～FFFFH，共 64KB，可通过 MOVX 指令访问。

1.6 如何设计 LED 发光二极管与单片机接口电路

LED 发光二极管与单片机接口电路如图 1-13 所示。图中 AT89C51 是一个 51 系列的单片机，内部含有 4KB 电可擦除的程序存储器（简称 E^2PROM）；74LS245 为驱动器，为发光二极管提供足够大的驱动电流；开关 S1、电容器 C3 及电阻器 R2 和 R3 共同组成单片机的复位电路；晶振 Y、电容器 C1 和 C3 组成时钟电路；发光二极管 D1、限流电阻器 R1 组成显示电路。

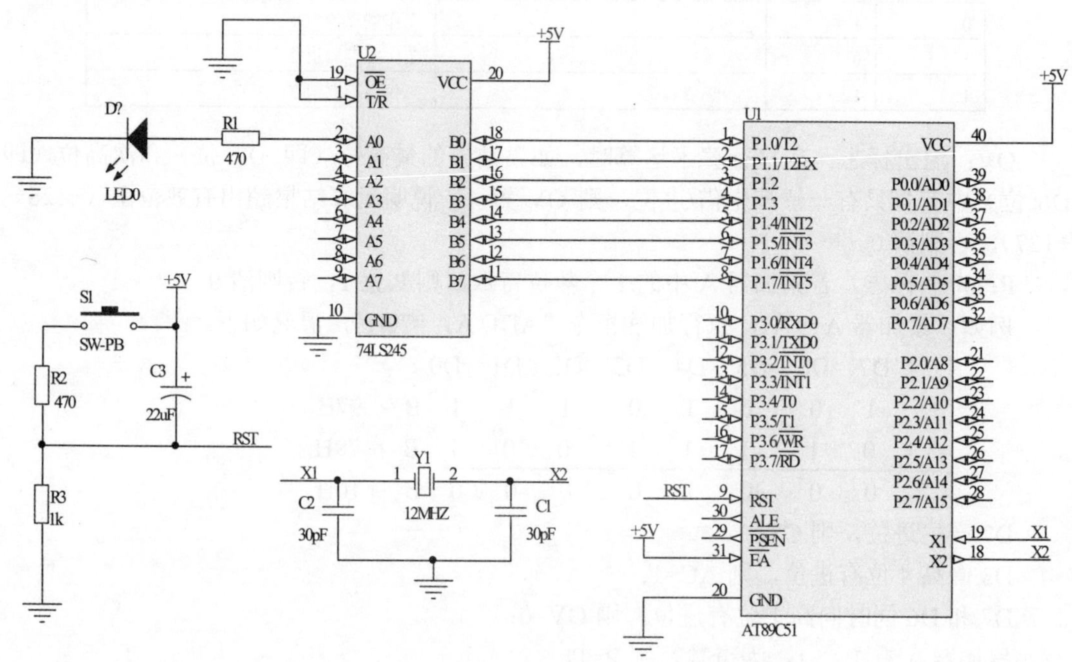

图 1-13 LED 发光二极管与单片机接口电路

当单片机 P1.0 输出高电平 1 时，U2 的 19 脚为 1，经过 U2 驱动后从 2 脚输出 1，该高电平经限流电阻器 R1 加到发光二极管 D1 的负极，D1 灭。同理，当单片机 P1.0 输出低电平 0 时，U2 的 19 脚为 0，经过 U2 驱动后从 2 脚输出 0，该低电平经限流电阻器 R1 加到发光二极管 D1 的负极，D1 亮。

1.7　如何设计单个彩灯闪烁程序

1.7.1　置 1 和清 0 操作

要实现 LED 发光二极管的亮灭，P1.0 必须输出高电平 1 和低电平 0，下面，介绍置 1 和清 0 指令。

1.　sbit 指令

sbit 指令的作用是对单片机内寄存器指定位进行位变量定义，方便寄存器对应位置 1、清 0 操作，指令格式如下。

① sbit led=P1^0；//定义寄存器位变量，用 led 代表 P1.0 口线；

② led=0；//位清 0，灭灯；

③ led=1；//位置 1，亮灯。

sbit 是对应可位寻址空间的一个位，可位寻址区：20H～2FH，在对单片机片内特殊功能寄存器使用时，方便对寄存器的某一位进行操作；sbit 是 keil C51 中的关键字，表示位寄存器，一个端口 8 位，用这个关键字，可以单个位操作。

例如：以上 C 指令代码功能，其作用是将 P1.0 清 0（led 灯不会被点亮）与置 1 操作（led 灯会被点亮）。

2.　bit 指令

bit 和 sbit 都是 C51 扩展的变量类型，编译器在编译过程中自动分配地址。除非特意指定，否则这个地址是随机分配的，这个地址是整个可寻址空间，RAM+FLASH+扩展空间。bit 只有 0 和 1 两种值，bit 指令格式有以下两种：

（1）　bit flag;

（2）　flag=1。

此处 bit 指令的作用是将位变量 flag 置 1，即可将 flag（标志位）清 0 与置 1 操作。例如：flag=0，其作用是将 flag 内容清 0。

1.7.2　延时子程序

由于人眼的视觉惰性，在单个彩灯闪烁程序中必须调用延时子程序（延时功能函数），让 LED 发光二极管亮和灭均保持一段时间。延时子程序是通过循环执行某些指令实现的，下面将具体介绍延时子程序的编写方法。

1.　while( )语句与 for( )语句

在编写程序时将会用到 while( )、for( )语句，下面先简单介绍这两条指令。

（1）　while( )语句。

while 是循环流程控制，使用的标准格式为：

```
while(表达式)
{
```

```
    循环语句体;
}
```

while( )语句结构图如图 1-14 所示。

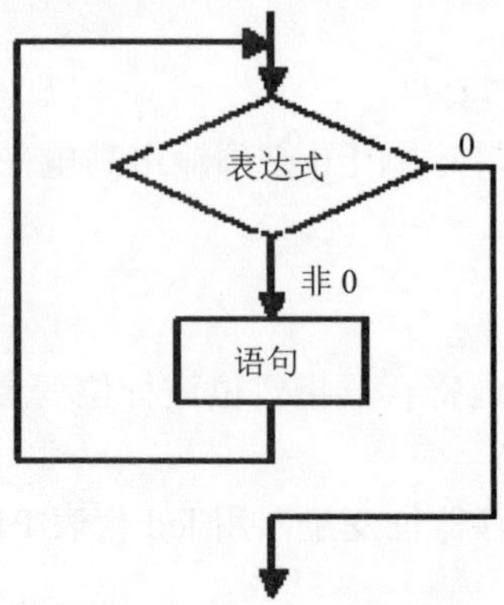

图 1-14　while( )语句结构图

> ① while 循环的表达式是循环进行的条件，用作循环条件的表达式中一般至少包括一个能够改变表达式的变量，这个变量称为循环变量；
> ② 当表达式的值为真（非零）时，执行循环体；为假（0）时，则循环结束；
> ③ 当循环体不需要实现任何功能时，可以用空语句作为循环体，可实现基本延时；
> ④ 对于循环变量的初始化应在 while 语句之前进行，可以通过适当方式给循环变量赋初值。
>
> 温馨提示

例如：unsigned char x;//定义无符号字符型变量 x

```
x=100;//x 赋值 100
while(x--); //循环递减 100 次，原地踏步、实现时间消耗，即延时
```

（2） for( )语句

For( )是一个循环语句，和 while( )是类似的，for 一般的用法有：

```
unsigned char i;//定义无符号字符型变量 i
for(i=0;i<10;i++)//条件循环 10 次
{
  循环语句体; //功能执行
}
```

for( )语句结构图如图 1-15 所示。

这里就是执行 10 次“循环语句体”，为什么是 10 次呢？因为首先 *i*=0，第一次先判断 *i*<10 是否成立，成立的话，就运行“循环语句体”；然后回过来 *i*++，再判断 *i*<10 是否成立，成立的话再运行{ }内的程序，最后当 *i*=9 时，再回过来 *i*++，*i* 变为 10，再判断 *i*<10 已经不成立了，所以就结束 for 语句，*i* 从 0～9 一共是 10 次执行。

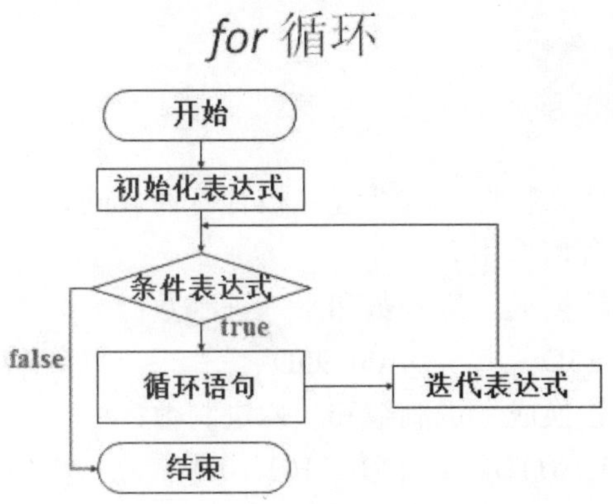

图 1-15　for( )语句结构图

2. 延时子程序（延时子函数）

若晶振频率为 12MHz，则一个机器周期为 1μs，定义一个 100ms 延时子程序语句如下：

```
void delay_100ms （ ）//定义一个 100ms 延时函数，函数为 delay_100ms （ ）
{
 unsigned char x,y;//定义无符号字符型变量 x,y
 for(x=0;x<150;x++)
   for(y=0;y<220;y++);//两级 for 循环嵌套
}
```

上述延时子程序采用了两级循环延时处理，总延时时间为：150*220*3.03μs=99990μs =99.99ms，时间量约为 100ms。

1.7.3 单个彩灯闪烁程序设计

```
#include <reg51.h> //包含 MCS-51 单片机头文件
sbit led=P1^0;//定义寄存器位变量，用 led 代表 P1.0 口线
void delay_100ms( )//定义一个 100ms 延时函数，函数为 delay_100ms( )
{
 unsigned char x,y;//定义无符号字符型变量 x,y
 for(x=0;x<150;x++)
   for(y=0;y<220;y++);//两级 for 循环嵌套，延时 0.1s
}
void main()//定义主函数，具备唯一性
{
 while(1)//无限循环
 {
  led=0;//点亮 led 灯
  delay_100ms();//调用延时函数，延时 0.1s
  led=1;//熄灭 led 灯
  delay_100ms();//调用延时函数，延时 0.1s
 }
}//程序结束
```

考考你自己

（1） 发光二极管具有什么特性？与普通二极管有何异同？

（2） CPU 的 EA 引脚有何作用？

（3） 把下列十进制数转换成二进制数和十六进制数：

① 35D ② 0.25D ③ 95D ④ 17D ⑤ 29.75D

（4） 把下列二进制数转换成十进制数和十六进制数：

① 1011B ② 11.1011B ③ 1101.101B ④ 1101101.11B

（5） 把下列十六进制数转换成二进制数和十进制数：

① 15H ② 4AH ③ BBH ④ 13.5H ⑤ 27.AH

（6） 若延时时间要求为 0.2s，应该如何去修改程序内容？

项目二　广告灯控制

——输入/输出口应用

愿你知多点

在日常生活中，我们经常看到各种类型的广告灯，例如超级市场门前的广告灯、城市休息广场的装饰灯、公路两旁的霓虹灯等，那么，这些广告灯是如何制作和控制的呢？在这一项目中，我们将通过完成“广告灯控制”任务来学习制作发光二极管的方法及相关知识。

输入/输出口应用实例如图 2-1 所示。

图 2-1　输入/输出口应用实例

教学目的

掌握：发光二极管与单片机接口电路的设计方法。
理解：单片机 I/O 端口及存储器分配关系。
了解：C51 数据类型与基本功能语句应用。

2.1 能力培养

本项目通过完成“广告灯控制”任务，可以培养读者以下能力：

（1） 能正确使用发光二极管；

（2） 能识用 C51 数据类型、关键字等基本知识；

（3） 能运用 C51 编程正确实现 LED 广告灯点亮控制。

2.2 任务分析

要完成此项任务，需要掌握以下八方面知识：

（1） 单片机 I/O 端口；

（2） 单片机的存储器；

（3） C51 标识符和关键字；

（4） C51 基本数据类型；

（5） C51 常量与变量；

（6） C51 常用运算符；

（7） 如何设计发光二极管与单片机接口硬件电路；

（8） 如何设计广告灯 C 程序。

下面将从这八个方面进行学习与探讨。

2.3 单片机 I/O 端口

对单片机的控制，实际上就是对 I/O 口的控制，无论单片机对外部进行何种控制或接受外部的控制，都是通过 I/O 口进行的。MCS-51 系列单片机总共有 P0、P1、P2、P3 四个 8 位双向输入/输出端口，每个端口都是由锁存器、输出驱动器和输入缓冲器组成的，4 个 I/O 端口都能作输入/输出口用，其中 P0 和 P2 常用于对外部存储器的访问。

2.3.1 P0 口（P0.0～P0.7）

P0 由一个输出锁存器、两个三态输入缓冲器和输出驱动电路及控制电路组成。从图 2-2 中可以看出，P0 口既可以作为 I/O 用，也可以作为地址/数据线用。在 P0 口作通用 I/O 使用时，外部需要外接入上拉电阻器才能有高电平输出。

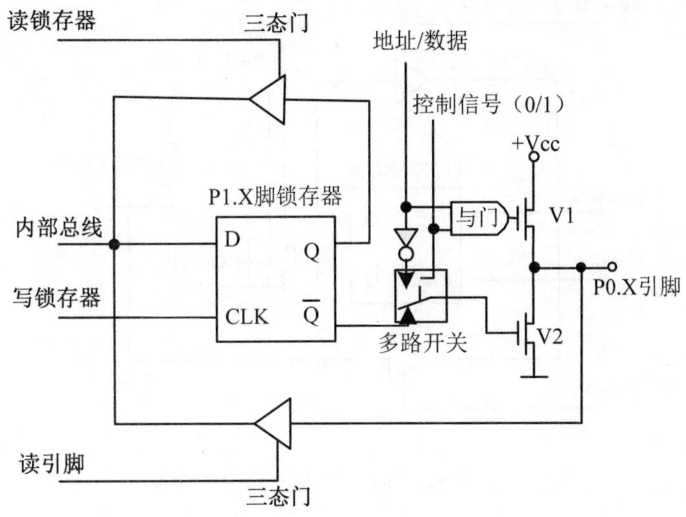

图 2-2 P0 口内部结构图

2.3.2 P1 口（P1.0～P1.7）

如图 2-3 所示，P1 口内部没有多路开关，输出驱动电路中有上拉电阻器，所以在外部电路中无须再接上拉电路，通常只能作通用 I/O 使用。

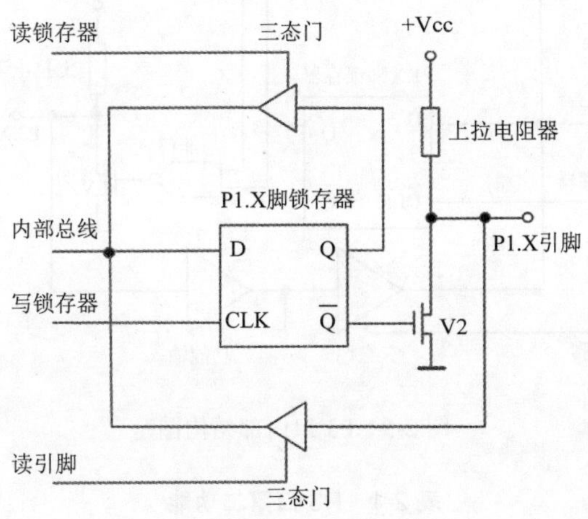

图 2-3 P1 口内部结构图

2.3.3 P2 口（P2.0～P2.7）

P2 口为一个内部带上拉电阻器的 8 位准双向 I/O 口，其内部结构如图 2-4 所示。在访问外部程序存储器时，作为高 8 位地址总线，与 P0 端口一起组成 16 位地址总线。

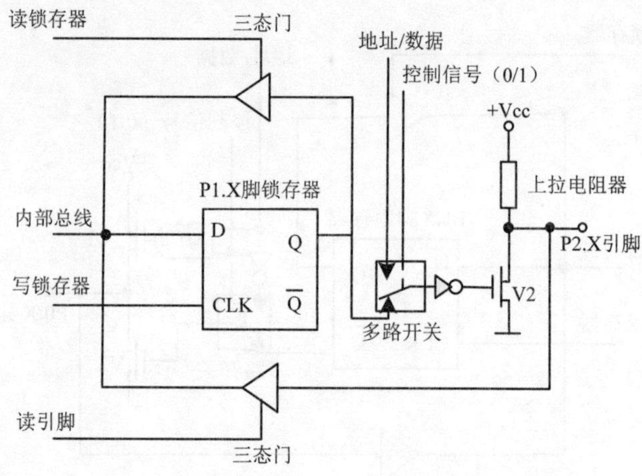

图 2-4　P2 口内部结构图

2.3.4　P3 口（P3.0～P3.7）

P3 口为内部带上拉电阻的 8 位准双向 I/O 口，其结构示意图如图 2-5 所示。P3 口除作为一般的 I/O 口使用之外，其每个引脚的第二功能更为重要，如表 2-1 所示。

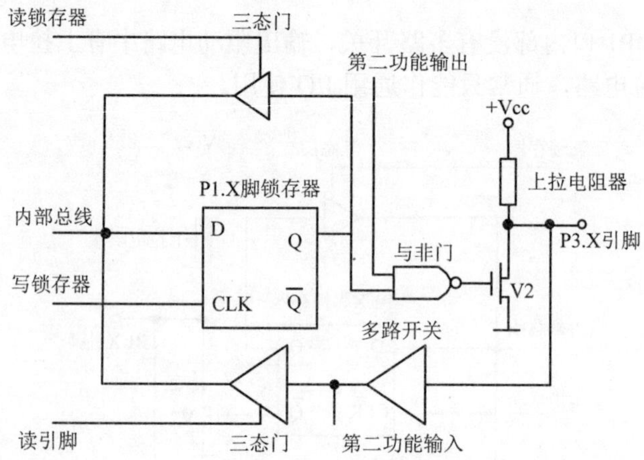

图 2-5　P3 口内部结构图

表 2-1　P3 口第二功能

I/O 口	引 脚 号	第二功能
P3.0	10	RXD 串行输入口
P3.1	11	TXD 串行输出口
P3.2	12	INT0（外部中断 0）
P3.3	13	INT1（外部中断 1）
P3.4	14	T0（定时器 0 的计数输入）
P3.5	15	T1（定时器 1 的计数输入）
P3.6	16	WR（外部数据存储器写选通）
P3.7	17	RD（外部数据存储器读选通）

2.4 单片机的存储器

单片机设计使用过程中，需要将用户程序写入单片机存储器中，在单片机运行程序时，也需要进行数据的读与写，这就需要我们了解单片机的存储空间。8051 系列单片机在物理上有 3 个存储器空间：程序存储器 ROM，片内数据存储器 RAM 和片外数据存储器 RAM ，其存储器配置如图 2-6 所示。

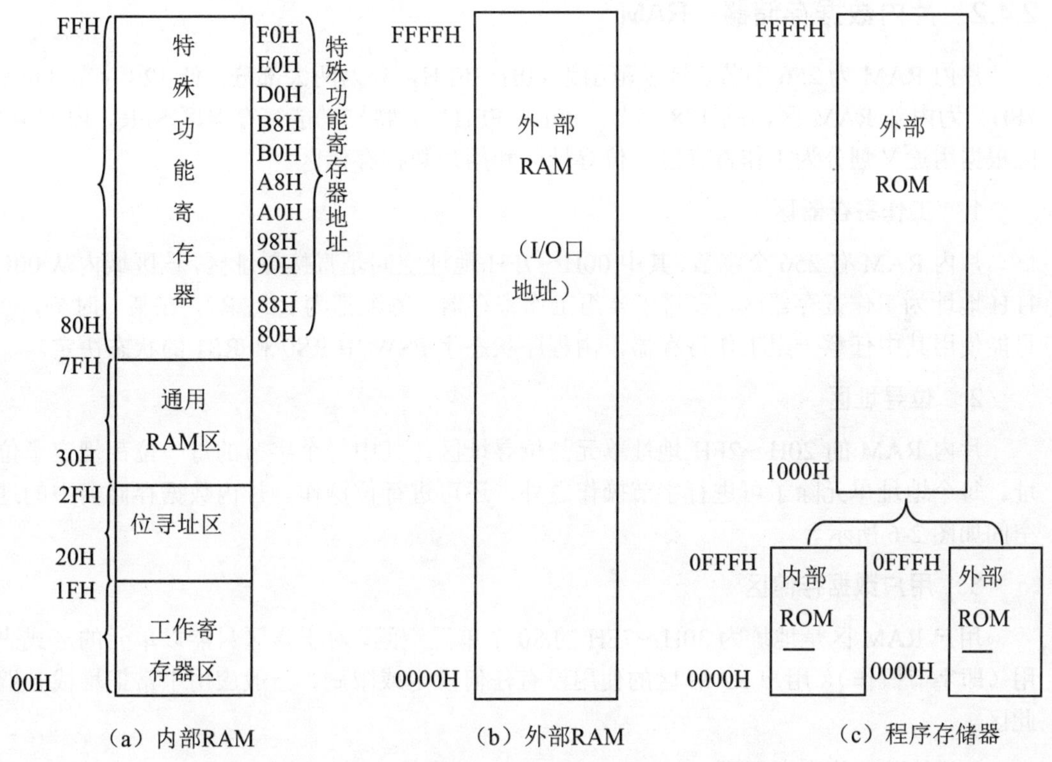

图 2-6 8051 单片机的存储器配置

2.4.1 程序存储器—ROM

程序存储器 ROM 是用于存放用户程序、原始数据或表格的场所（如数码管的段码表等），ROM 包括片内 ROM 和片外 ROM 两个部分,在单片机运行状态下，ROM 中的数据只能读，不能写，所以又叫只读存储器。

AT89S51 片内有 4KB 的程序存储单元，其地址为 0000H～0FFFH,有些存储单元具有特殊功能，使用时应特别注意。

地址为 0000H～0002H 的单元是系统的启动单元。系统复位后，(PC)=0000H，从 0000H 单元开始执行指令。但实际上 3 个单元不能存放任何完整的程序，使用时应当指定程序的起始地址，利用一条无条件转移指令直接转去执行程序。

地址为 0003H～002AH 的 40 个单元被均匀地分为 5 段，分别作为 5 个中断源的中断地址区。其中：

0003H　外部中断 0 入口地址

000BH　定时/计数器 0 入口地址

0013H　外部中断 1 入口地址

001BH　定时/计数器 1 入口地址

0023H　串行中断入口地址

2.4.2　片内数据存储器—RAM

片内 RAM 为 256 字节，地址范围为 00H～FFH，分为两大部分：低 128 字节（00H～7FH）为内部 RAM 区，高 128 字节（80H～FFH）为特殊功能寄存器区 SFR。内部 RAM 区根据用途又划分为工作寄存区、位寻址区和用户数据存储区。

1. 工作寄存器区

片内 RAM 有 256 个字节，其中 00H～7FH 地址空间是直接寻址区，该区域内从 00H～1FH 地址为工作寄存器区，安排了 4 组工作寄存器，每组都为 R0～R7，在某一时刻，CPU 只能使用其中任意一组工作寄存器，由程序状态字 PSW 中 RS0 和 RS1 的状态决定。

2. 位寻址区

片内 RAM 的 20H～2FH 地址单元是位寻址区，其中每个字节的每一位都规定了位地址。每个地址单元除了可进行字节操作之外，还可进行位操作。片内数据存储器中的地址空间如图 2-6 所示。

3. 用户数据存储区

用户 RAM 区是地址为 30H～7FH 的 80 个单元空间，对于该区只能以单元的形式来使用（即字节操作），用户 RAM 区的使用没有任何规定或限制，一般应用中常把堆栈开辟在此区。

4. 特殊功能寄存器区

片内 RAM 的 80H～FFH 地址空间是特殊功能寄存器 SFR 区，如表 2-2 所示。对于 51 系列在该区域内安排了 21 个特殊功能寄存器，对于 52 系列则在该区域内安排了 26 个特殊功能寄器。

表 2-2　SFR 地址空间

	符号	寄存器名	位地址、位标记及位功能								直接地址
			D7	D6	D5	D4	D3	D2	D1	D0	
可位寻址	B	B 寄存器	B.7	B.6	B.5	B.4	B.3	B.2	B.1	B.0	F0H
	ACC	累加器	A.7	A.6	A.5	A.4	A.3	A.2	A.1	A.0	E0H
	PSW	程序状态字	CY	AC	F0	RS1	RS0	OV	---	P	D0H
	IP	中断优先寄存器	---	---	---	PS	PT1	PX1	PT0	PX0	B8H
	P3	P3 口	P3.7	P3.6	P3.5	P3.4	P3.3	P3.2	P3.1	P3.0	B0H

（续表）

	符号	寄存器名	位地址、位标记及位功能								直接地址
			D7	D6	D5	D4	D3	D2	D1	D0	
	IE	中断允许寄存器	EA	---	---	ES	ET1	EX1	ET0	EX0	A8H
	P2	P2 口	P2.7	P2.6	P2.555	P2.4	P2.3	P2.2	P2.1	P2.0	A0H
	SCON	串行口控制寄存器	SM0	SM1	SM2	REN	TB8	RB8	TI	RI	98H
	P1	P1 口	P1.7	P1.6	P1.5	P1.4	P1.3	P1.2	P1.1	P1.0	90H
	TCON	定时控制寄存器	TF1	TR1	TF0	TR0	IE1	IT1	IE0	IT0	88H
	PO	P0 口	P0.7	P0.6	P0.5	P0.4	P0.3	P0.2	P0.1	P0.0	80H
不可位寻址	SP	堆栈指示器									81H
	DPL	数据指针低 8 位									82H
	DPH	数据指针高 8 位									83H
	PCON	电源控制寄存器	SMOD	---	---	---	GF1	GF0	PD	IDL	87H
	TMOD	定时方式寄存器	GATE	C/T	M1	M0	GATE	C/T	M1	M0	89H
	TL0	T0 寄存器低 8 位									8AH
	TL1	T1 寄存器低 8 位									8BH
	TH0	T0 寄存器高 8 位									8CH
	TH1	T1 寄存器高 8 位									8DH
	SBUF	串行口数据缓冲器									99H

常见的特殊功能寄存器做简要介绍如下。

（1）　累加器（ACC：Accumulator）。

累加器是最常用的 8 位专用寄存器，常用于存放操作数据，也可以用来存放运算数据的中间结果。

（2）　B 寄存器。

B 寄存器是一个 8 位寄存器，主要用于乘除运算。乘法运算时，B 存乘数。乘法操作后，乘积的高 8 位存于 B 中，除法运算时，B 存除数。除法操作后，余数存于 B 中。此外，B 寄存器也可作为一般数据寄存器使用。

（3）　程序计数器（PC：Program Counter）。

PC 用于存放 CPU 下一条要执行的指令地址，是一个 16 位的计数器，可寻址范围是 0000H～0FFFFH，共 64 KB。程序中的每条指令存放在 ROM 区的某一单元。CPU 要执行某条指令时，把该条指令所在的单元的地址送上地址总线。在顺序执行程序中，当 PC 的内容被送到地址总线后，会自动加 1，即(PC)← (PC)+1，又指向 CPU 下一条要执行的指令地址。

（4）　程序状态字（PSW：Program Status Word）。

程序状态字是一个 8 位寄存器，用于存放程序运行中的各种状态信息。PSW 的各位定义内容如下。

① CY（PSW.7）：进位标志位。在进行加或减运算时，如果操作结果的最高位有进位或借位时，CY 置 1，反之清 0。

② AC（PSW.6）：辅助进位标志位。在进行加运算且当第 3 位有进位或进行减法运算中且第 3 位有借位时，AC 置 1，反之 AC 清 0。在 BCD 码调整中也要用到 AC 位状态。

③ F0（PSW.5）：用户标志位。用户可以通过位操作指令定义该标志位，用以控制程序的转向。

④ RS1 和 RS0（PSW.4，PSW.3）：寄存器组选择位，用于选择 CPU 当前使用的寄存器组。

⑤ OV（PSW.2）：溢出标志位，在带符号数加减运算中，OV=1 表示加减运算超出了累加器 A 所能表示的符号数有效范围（-128～+127），即溢出，反之，OV=0，无溢出产生。

⑥ P（PSW.0）：奇偶标志位，体现累加器 A 中“1”的个数的奇偶性。如果 A 中有奇数个“1”，则 P 置“1”，否则置“0”。此标志位对串行通信中的数据传输有重要的意义，在串行通信中常采用奇偶校验的办法来校验数据传输的可靠性。

（5） 数据指针（DPTR）。

DPTR 是唯一个用户可操作的 16 位的寄存器，由 DPH（高位字节寄存器）和用 DPL（低位字节寄存器）组成。既可以按一个 16 位寄存器 DPTR 来处理，也可作为两个独立的 8 位寄存器 DPH 和 DPL 来处理。在访问外部数据存储器时常把 DPTR 作地址指针使用。

（6） 堆栈指针 SP（Stack Pointer）。

SP 用来指示堆栈所处的位置，在进行操作之前，先用指令给 SP 赋值，以规定栈区在 RAM 区的起始地址（栈底层）。当数据推入栈区后，SP 的值也自动随之变化。MCS - 51 系统复位后，SP 初始化为 07H，在完成子程序嵌套和多重中断处理中是必不可少的。

温馨提示

① 特殊功能寄存器是不连续地分散在内部 RAM 高 128 单元之中，尽管还余有许多空闲地址，但用户并不能使用；

② 程序计数器 PC 不占据 RAM 单元，它在物理上是独立的，因此是不可寻址的寄存器；

③ 对专用寄存器只能使用直接寻址方式，书写时既可使用寄存器符号，也可使用寄存器。

2.4.3 片外数据存储器—RAM

当片内 RAM 不能满足数量上的要求时，可通过总线端口和其他 I/O 口扩展外部 RAM，其最大容量可达 64KB 字节。

CPU 通过 MOVX 指令访问外部数据存储器，用间接寻址方式，R0、R1 和 DPTR 都可作间接寄存器。在片内数据存储器中，外部 RAM 和扩展的 I/O 接口是统一编址的，所有的外扩 I/O 口都要占用 64KB 中的地址单元。

2.5 C51 标识符和关键字

C 语言基本的语法单位分为六类：标识符、关键字、常量、字符串、运算符及分隔符。在这里我们首先了解学习标识符和关键字的使用。

2.5.1　C51 标识符

C 语言的标识符的含义：标识符是用来标识源程序中某个对象的名字的，例如程序中的变量 a、主函数名 main、数据类型 int、函数 delay、数组等是标识符。

标识符由字符（a～z，A～Z），数字（0～9）和下画线等组成，需重点强调的是标识符的第一个字符必须是字母或下画线，例如“1function”是错误的，编译时便会有错误提示。有些编译系统专用的标识符是以下画线开头的，所以一般不要用下画线开头来命名标识符。

标识符在命名时应当简单，含义清晰，这样有助于阅读理解程序。例如在定义延时函数时，采用函数名 delay，这样就一看明白所定义的函数功能。

特别说明：

在 C51 编译器中，只支持标识符的前 32 位为有效标识，一般情况下也足够用了。

2.5.2　关键字

C51 中关键字则是 C 语言预先定义的具有特定含义的标识符，由固定的小写字母组成，用于表示 C 语言的数据类型、存储类型和运算符。

在程序编写中用户不允许定义与关键字相同的标识符。关键字又称为保留字，如 for、if、while、sbit、code 等。

在 KEIL uVision4 的文本编辑器中编写 C 程序，系统可以把保留字以不同颜色显示出来，其默认的颜色一般为天蓝色。

2.6　C51 基本数据类型

我们学习某一种语言，首先遇到的是数据类型，标准 C 中基本数据类型为 char，int，short，long，float 和 double，而在 C51 编译器中 int 和 short 相同，float 和 double 相同，同时 C51 编译器又增加了专门针对于 MCS-51 单片机的特殊功能寄存器型和位类型（bit、sbit、sfr 和 sfr16），下面详细介绍它们的具体定义。

2.6.1　char 字符类型

C51 语言中，char 类型的长度是一个字节，通常用于定义处理字符数据的变量或常量。分无符号字符类型 unsigned char 和有符号字符类型 signed char，默认值为 signed char 类型。unsigned char 类型用字节中所有的位来表示数值，所可以表达的数值范围是 0～255。signed char 类型用字节中最高位字节表示数据的符号，“0”表示正数，“1”表示负数，负数用补码表示。所能表示的数值范围是-128～+127。unsigned char 常用于处理 ASCII 字符或用于处理小于或等于 255 的整型数。

2.6.2 int 整型

int 整型长度为两个字节，用于存放一个双字节数据。分有符号 int 整型数 signed int 和无符号整型数 unsigned int，默认值为 signed int 类型。signed int 表示的数值范围是-32 768～+32 767，字节中最高位表示数据的符号，“0”表示正数，“1”表示负数，unsigned int 表示的数值范围是 0～65 535。

2.6.3 long 长整型

long 长整型长度为四个字节，用于存放一个四字节数据。分有符号 long 长整型 signed long 和无符号长整型 unsigned long，默认值为 signed long 类型。signed int 表示的数值范围是-2 147 483 648～+2 147 483 647，字节中最高位表示数据的符号，“0”表示正数，“1”表示负数，unsigned long 表示的数值范围是 0～4 294 967 295。

2.6.4 float 浮点型

float 浮点型在十进制数中具有 7 位有效数字，是符合 IEEE－754 标准的单精度浮点型数据，占用四个字节。因浮点数的结构较复杂，在以后再做详细的讨论。

2.6.5 *指针型

指针型本身就是一个变量，在这个变量中存放的指向另一个数据的地址。这个指针变量要占据一定的内存单元，对不同的处理器长度也不尽相同，在 C51 中它的长度一般为 1～3 个字节。指针变量也具有类型，在以后专门探讨。

2.6.6 bit 位标量

bit 位标量是 C51 编译器的一种扩充数据类型，利用它可定义一个位标量，但不能定义位指针，也不能定义位数组。它的值是一个二进制位，不是 0 就是 1，类似一些高级语言中的 Boolean 类型中的 True 和 False。

2.6.7 sfr 特殊功能寄存器

sfr 也是一种扩充数据类型，点用一个内存单元，值域为 0～255。利用它可以访问 51 单片机内部的所有特殊功能寄存器。如用 sfr P1 = 0x90 这一句定 P1 为 P1 端口在片内的寄存器，在后面的语句中我们用以用 P1 = 255（对 P1 端口的所有引脚置高电平）之类的语句来操作特殊功能寄存器。

2.6.8 sfr16 16 位特殊功能寄存器

sfr16 占用两个内存单元，值域为 0～65 535。sfr16 和 sfr 一样用于操作特殊功能寄存器，所不同的是它用于操作占两个字节的寄存器，如定时器 T0 和 T1。

2.6.9　sbit 可寻址位

sbit 是 C51 中的一种扩充数据类型，利用它可以访问芯片内部的 RAM 中的可寻址位或特殊功能寄存器中的可寻址位。如先前我们定义了 sfr P1 = 0x90，因 P1 端口的寄存器是可位寻址的，所以我们可以定义 sbit P1_1 = P1 ^ 1; ，意思是定义 P1_1 为 P1 中的 P1.1 引脚。同样我们可以用 P1.1 的地址去写，如 sbit P1_1 = 0x91; ，这样我们在以后的程序语句中就可以用 P1_1 来对 P1.1 引脚进行读写操作了。通常这些可以直接使用系统提供的预处理文件（如 reg51.h，AT89X51.h），里面已定义好各特殊功能寄存器的简单名字，可以直接引用。

为提高程序的执行效率，在描述现实中的数据时，选择数据类型需注意以下几点：

① 尽量使用最小的数据类型，由于 MCS-51 系列是 8 位机，“char”类型的对象比“int”或“long”类型的对象节省了存储空间，而且还可以提高程序的运行速度；

② 如果不涉及负数运算，要尽量采用“unsigned”类型；

③ 尽量使用局部函数变量，编译器总是尝试在寄存器里保持局部变量。在循环变量（如 for 和 while 循环中的计数变量）说明为局部变量是最好的，同时使用“unsigned char/int”的对象通常能获得最好的效果。

2.7　C51 的常量与变量

2.7.1　常量

在程序的运行过程中，其值不能改变的量称为常量。常量可以有不同的数据类型。如 0，1，2，-3 为整型常量；4.6，-1.23 等为实型常量；‘a’为字符型常量，用单引号‘’括起来，字符串型常量是用“”括起来，如“a”是字符串常量不同于单个字符‘a’，可以用一个标识符号代表一个常量。

2.7.2　变量

在程序运行过程中，其值可以改变的量称为变量。在 C51 中，变量在使用前必须对变量进行定义，指出变量的数据类型和存储模式。以便编译系统为它分配相应的存储单元，并在该内存单元中存放该变量的值。变量根据使用范围的不同又分为全局变量和局部变量，在定义变量时要注意变量的生命周期。局部变量只有在它所声明的函数内才有效，全局变量的有效范围是在各个函数内都是有效的。

1. 变量定义的格式

数据类型　存储类型 变量名称

例：int i;

定义 i 为整型变量，其中 int 为数据类型，i 为变量的名称。

2. 全局变量和局部变量

```
#include <reg51.h>
sbit P16=P1^6;          //定义全局变量
void delay()        //定义完成某个功能的函数
{
   int i;   // 定义局部变量,只在 delay()    内有效
}
void main()
{
 int  j; // 定义局部变量
}
```

2.7.3 变量的存储类型

采用汇编编语言编程时，存储单元按指定地址进行读写，不同的指令代表访问不同的存储空间。

例如：MOV 指令访问片内数据存储器，MOVX 指令访问片外数据存储器，MOVC 指令访问程序存储器。C51 中直接使用变量名去访问存储单元，没有考虑变量的存储单元地址。而变量存放在不同的存储空间，对目标代码的执行效率影响很大，这就需要我们在定义变量时除需定义变量的类型外，还需说明变量所在的存储空间，即存储类型。C51 存储类型与 8051 存储空间的对应关系如下：

1. 存储类型与存储空间的对应关系

data　　直接寻址片内数据存储区，速度快（00～7F）;

bdata　　可位寻址片内数据存储区，允许位/字节混合访问（20～2F）;

idata　　间接寻址片内数据存储区，可访问全部 RAM 空间（00～FF）由 MOV @Ri 访问；

pdata　　分页寻址片外数据存储区（256 字节），汇编中用 MOVX @Ri 访问；

xdata　　片外数据存储区（64 字节），用 MOVX @DPTR 访问；

code　　代码存储区（64KB），由 MOVC @DPTR 访问。

选择变量的存储类型时，可参照以下原则：

通常将一些固定不变的参数或表格放在程序存储器中，即存储类型设为 code。一些使用频率较高的变量或者对速度要求较高的程序中的变量可选择片内数据存储器，而将一些不常使用的变量存放于片外数据存储器（存储类型为 pdata、xdata）中。

2. 变量的存储模式

定义变量时省去存储类型，C51 编译时会自动选择默认的存储类型，而默认的存储类型由存储模式确定。在 C51 中有 SMALL、COMPACT、LARGE 三种存储模式，在 KEIL 环境中，可以通过目标工具选项设置选择所需的存储模式。

下面分别对这三种模式进行说明：

（1） SMALL。

参数和局部变量放入可直接寻址的内部数据存储器（最大 128 字节，默认的存储类型为 DATA），速度快，访问方便。所用堆栈在片内 RAM。

（2） COMPACT。

参数和局部变量放入分页外部数据存储器（最大 256 字节，默认的存储类型为 PDATA），通过 MOVX @Ri 指令间接寻址，所用堆栈在片内 RAM。

（3） LARGE。

参数和局部变量直接放入外部数据存储器（最大 64KB，默认的存储类型为 XDATA），通过 MOVX @DPTR 指令进行访问，所形成的目标代码效率低。

在程序中变量的存储模式的指定通过#pragma 预处理命令来实现，函数的存储模式可通过在函数定义时后面带存储模式说明，如果没有指定，则系统都默认为 SMALL 模式。

2.8　C51 常用运算符

运算符是完成特定运算的符号，利用运算符可以组成各种表达式和语句。C51 常用的运算符有如下几种。

2.8.1　赋值运算符与赋值表达式

符号“=”在 C 语言中是赋值运算符，赋值运算符的作用是将一个数据值赋给另一个变量，利用赋值运算符将一个变量与一个表达式连接起来的式子称为赋值表达式，在赋值表达式的后面加一个分号“;”就构成了赋值语句，赋值语句的格式如下：

变量=表达式;

例 1：

```
int i=6;        //将常数 6 赋给整型变量 i
P1=0x00;        //将数据 0x00 送到 P1 端口
```

2.8.2　算术运算符

C51 中支持的算术运算符有：

+	加法或取正值运算符
-	减法或取负值运算符
*	乘法运算符
/	除法运算符
%	取余运算符

注意：除法运算，如果参加运算的两个数为浮点数，则运算结果也为浮点数，如果参加运算的两个数为整数，则运算的结果也为整数，即为整除。

例 2：30.0/20.0 结果为 1.5，而 30/20 结果为 1。

取余运算，则要求参加运算的两个数必须为整数，运算结果为它们的余数。

例 3：*a*=8%3，结果 *a* 的值为 2。

2.8.3 关系运算符与关系表达式

关系运算符实际是一种比较运算符，将两个数值进行比较，判断其比较的结果是否符合给定条件，用关系运算符将两个表达式连接起来形成的式子称为关系表达式，关系表达式通常用来作为判别条件构造分支或循环程序，如表 2-3 所示。

表 2-3 关系运算符

符 号	例 子	意 义
>	*a*>*b*	*a* 大于 *b*
<	*a* <*b*	*a* 小于 *b*
= =	*a* = =*b*	*a* 等于 *b*
>=	*a* >=*b*	*a* 大于或等于 *b*
<=	*a* <=*b*	*a* 小于或等于 *b*
!=	*a*!= *b*	*a* 不等于 *b*

注意：关系运算符相等“= =”是由两个“=”组成的。

2.8.4 逻辑运算符

C 语言中有 3 种逻辑运算符：逻辑非(!)、逻辑与(&&)、逻辑或(||),它们的优先极顺序为非，与，或。

逻辑非(!)：当表达式 a 为真时，!a 结果为假，反之亦成立；

逻辑与(&&)：只有当两个表达式 a 和 b 都为真时，a&&b 结果才为真，否则为假；

逻辑或(||)：只有当两个表达式 a 和 b 都为假时，a||b 结果才为假，否则结果为真。

2.8.5 位运算符

位运算符的作用是按位对变量进行运算，并不改变参与运算的变量的值，C51 中位运算符只能对整数进行操作，不能对浮点数进行操作。如表 2-4 所示。

表 2-4 位运算

符 号	例 子	意 义	功 能
&	a&b	将 a 与 b 各位作与运算	将不需要的位清零
|	a|b	将 a 与 b 各位作或运算	指定的位置 1
∧	a∧b	将 a 与 b 各位作异或运算	与 1 异或，使位翻转
～	～a	将 a 取反	将各位取为相反值
>>	a>>b	将 a 的值右移 b 个位	顺序右移若干位
<<	a<<b	将 a 的值左移 b 个位	顺序左移若干位

例 4：如果 a=11111101，执行表达式 a<<3；后，左移空出的三位将补 0，结果 a 变为 11101000。

例 5：如果 a=01010100，b=00111011，则执行表达式 a&b；a|b；结果分别为 a&b= 00010000=0x10，a|b=01111111=0x7f。

2.8.6　自增和自减运算符

C51 中，除了基本的加、减、乘、除运算符之外，还提供一种特殊的运算符："++"自增运算符；"--"自减运算符。

例 6：*i*=5；执行表达式 *j*=*i*++;后，*j* 的值变为 6，*i* 中的值仍为 5，如果执行表达式 *j*=++*i*；后 *j* 的值变为 6，*i* 中的值也变为 6。

2.8.7　复合赋值运算符

C51 中支持复合赋值运算符，在赋值运算符"="的前面加上其他运算符，就组成复合赋值运算符，大部分二目运算符都可以用复合赋值运算符简化表示，下面为常用复合赋值运算符。

+=	加法赋值	/=	除法赋值
*=	乘法赋值	&=	逻辑与赋值
%=	取模赋值	>>=	右移位赋值

例 7：a>>=3　相当于 a=a>>3。

2.9　如何设计发光二极管与单片机接口硬件电路

在图 2-7 所示电路中，如果要让接在 P1.0 口的 LED1 亮起来，那么只要把 P1.0 口的电平变为低电平就可以了；相反，如果要接在 P1.0 口的 LED1 熄灭，就要把 P1.0 口的电平变为高电平；同理，接在 P1.1～P1.7 口的其他 7 个 LED 的点亮和熄灭的方法同 LED1。因此，要实现流水灯功能，我们只要将发光二极管 LED1～LED8 依次点亮、熄灭，8 只 LED 灯便会一亮一暗的做流水灯了。

由于人眼的视觉暂留效应以及单片机执行每条指令的时间很短，我们在控制二极管亮、灭的时候应该延时一段时间，否则我们就看不到"流水"效果了。由于发光二极管 LED 的阳极接 VCC（假设为+5V）的高电平，则阴极要为低电平 LED 才能导通发光，所以把 P1.0 口（P1.1 ~ P1.7 口同理）设置为低电平就可以了。

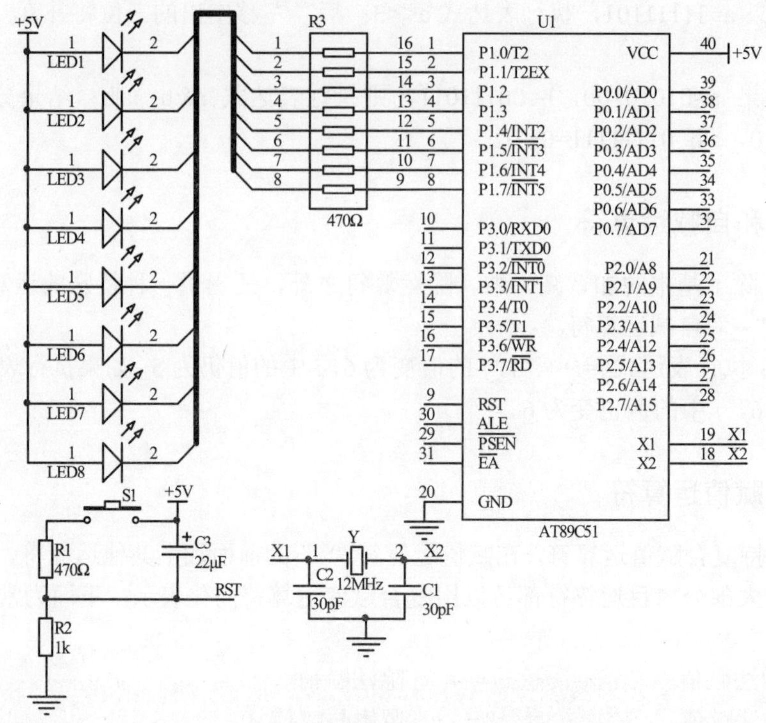

图 2-7　发光二极管与单片机接口电路

2.10　如何设计广告灯 C 程序

2.10.1　任务分析

单片机的应用系统由硬件和软件组成，上述硬件原理图搭建完成上电之后，我们还不能看到流水灯循环点亮的现象，我们还需要告诉单片机怎么来进行工作，即编写程序控制单片机管脚电平的高低变化，来实现发光二极管的一亮一灭。软件编程是单片机应用系统中的一个重要的组成部分，是单片机学习的重点和难点。下面我们以最简单的流水灯控制功能即实现 8 个 LED 灯的循环点亮，来介绍实现流水灯控制的几种软件编程方法。

1. 如何定时

根据以前所学知识，可以采用软件延时和定时器/计数器两种方式进行定时。软件延时方法定时，程序简单，但占用单片机运行时间，效率低；定时器/计数器定时，程序复杂，但不占用单片机运行时间，效率高。为了简化程序，我们在本次任务中采用软件延时方法进行延时。

2. 如何实现花样流水灯

（1）循环移位法。

利用循环移位指令，采用循环程序结构进行编程。我们在程序一开始就给 P1 口送一个数，这个数本身就让 P1.0 先低，其他位为高，然后延时一段时间，再让这个数据向高位移动，然后再输出至 P1 口，这样就实现“流水”效果啦。由于 8051 系列单片机的 C51 指令中数据左移≪或右移≫的指令，因此实际编程中我们应把需移动的数据先放到指定变量中，让其移动，然后将移动后的数据再转送到 P1 口，这样同样可以实现“流水”效果。

（2） 查表显示法。

循环移位法是比较简单的流水灯程序，“流水”花样只能实现单一的“从左到右”方式。运用查表法所编写的流水灯程序，能够实现任意方式流水，而且流水花样无限，只要更改流水花样数据表的流水数据就可以随意添加或改变流水花样，真正实现随心所欲的流水灯效果。

我们首先把要显示流水花样的数据建在一个以 TAB 为标号的数据表中，然后通过查表方式进行流水灯数据的取得，然后再送到 P1 口进行显示。具体源程序如下，TAB 标号处的数据表，用户可以根据所要实现的效果进行任意修改。

2.10.2　花样流水灯程序设计

1. 循环移位法

（1） 功能要求。

① 8 个 LED 相隔约 1 秒全亮、全灭 5 次；

② 完成全亮、全灭闪烁 5 次后，变为“从上到下、依次点亮”6 次，循环流水灯。

（2） 程序设计流程图。

程序设计流程图如图 2-8 和图 2-9 所示。

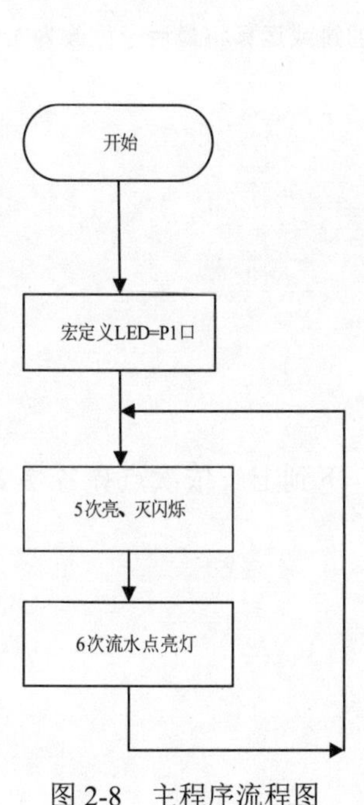

图 2-8　主程序流程图

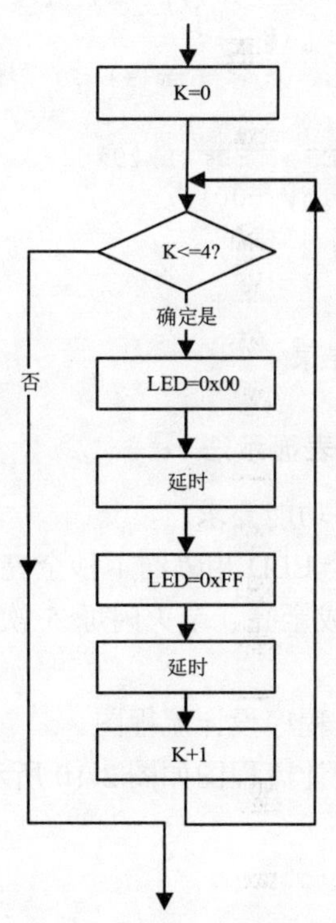

图 2-9　亮、灭闪烁 5 次程序流程图

（3） C 程序代码清单。

```
//************************************************
//8 个 LED 全亮全灭 5 次后，变为“上到下、依次点亮”6 次，重新开始循环
//************************************************
#include <reg51.h>  //调用 C 语言头文件
#define  LED  P1   //宏定义，用 LED 替代 P1 口
void delay(int count) //定义带传递参量延时函数
{
 unsigned int  i,j ;//定义无符号整型变量
 for(i=count;i>0;i--)  //循环语句
  for(j=120;j>0;j--);//循环语句,循环 120 次
}
void main() //主函数，程序从主函数开始执行
{
  unsigned char k,m;  //定义无符号字符型局部变量 k,m
  for(k=0;k<=4;k++)   //循环语句，控制全亮全灭次数为 5 次，从 0～4
   {
     LED=0x00;     //P1 口输出低电平，LED 全亮
    delay(500);  //调用延时程序，使 LED 灭一段时间
    LED=0xff;    //P1 口输出高电平，LED 全灭
    delay(500);  //调用延时程序，使 LED 灭一段时间
   }
 for(k=0;k<6;k++) //循环语句，控制点亮次数为 6 次，从 0～5
   {
    LED=0xfe; //P1 口初值为 11111110，只有第一个 LED 被点亮
    delay(500);
   for(m=0;m<=6;m++) //循环语句，左移 7 次
    {
      LED=(LED<<1)|0x01;  //左移一位，每次左移后通过或运算将最后一位改为 1
     delay(500);
    }
   }
}
//程序结束
```

2. 查表显示法

（1） 功能要求。

① 8 个 LED 相隔约 1 秒全亮、全灭 5 次；

② 完成全亮、全灭闪烁 5 次后，变为从“上到下、下到上”依次点亮各 3 次，重新循环流水灯。

（2） 程序设计流程图。

程序设计流程图如图 2-10 所示。

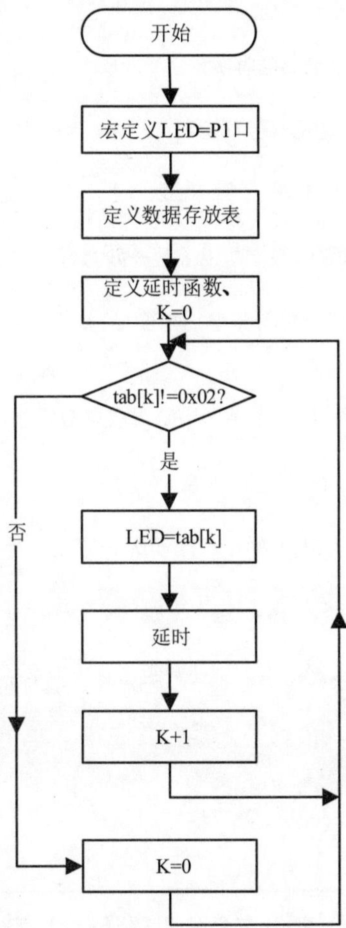

图 2-10 程序设计流程图

(3) C 程序代码清单

```
//*******************************************************
//8 个 LED 全亮全灭 5 次
//“上到下、下到上”依次点亮各 3 次
// 重新开始循环流水灯
//********************************************************
#include <reg51.h>  //调用 C 语言头文件
#define LED P1
unsigned char code tab[]=
{
0x00,0xff,0x00,0xff,0x00,0xff, 0x00,0xff,0x00,0xff,  //全亮、全灭显示数据 5 次
0xfe,0xfd,0xfb,0xf7,0xef,0xdf,0xbf,0x7f,     //3 次 LED 顺向流动显示数据
0xfe,0xfd,0xfb,0xf7,0xef,0xdf,0xbf,0x7f,
   0xfe,0xfd,0xfb,0xf7,0xef,0xdf,0xbf,0x7f,
   0x7f,0xbf,0xdf,0xef,0xf7,0xfb,0xfd,0xfe,// 3 次 LED 反向流动显示数据
   0x7f,0xbf,0xdf,0xef,0xf7,0xfb,0xfd,0xfe,
0x7f,0xbf,0xdf,0xef,0xf7,0xfb,0xfd,0xfe,
```

```
0x02                                  //自定义花样显示数据结束标志
   };
void delay(int count) //定义延时函数
{
 unsigned int  i,j ;//定义无符号整型局部变量
 for(i=count;i>0;i--)  //循环语句
  for(j=120;j>0;j--);//循环语句,循环 120 次
}
void main()       //  主函数，程序从主函数开始执行
{
  unsigned int  k;  //定义无符号整型局部变量,k 值默认为 0
  while(1)
  {
  if(tab[k]!=0x02)//判断，在一个循环内是否取得数据结束标志“0x02”
  {
   LED=tab[k];      //赋值所要显示的数据
   delay(500);
   k++;         //变量自增，数组下标每执行一次 k 值加 1
  }
  else
  {
   k=0;          //如果取得数据结束，则使数组下标 k 清零，重新开始循环
  }
 }
}
 //程序结束
```

当上述程序之一编写好以后，我们需要使用编译软件（如 Keil uV4）对其编译，得到单片机所能识别的二进制代码（*.HEX 文件），然后再用编程器将二进制代码—HEX 文件，烧写到 AT89C51 单片机中，最后连接好电路通电，我们就看到 LED1～LED8 的“流水”效果了。

本项目所给程序实现的功能比较简单，旨在抛砖引玉，用户可以自己在此基础上扩展更复杂的流水灯控制，比如键盘控制流水花样、控制流水灯去显示数字或图案等。

（1） 如何正确理解堆栈操作的“入栈”和“出栈”。

（2） 查阅资料：如何编写程序实现循环移位功能？

（3） 编程：要求实现延时 1ms 定时，*f*osc=12MHz；

（4） 除了循环移位法和查表显示法，还有其他的方法实现广告灯的控制吗？

（5） 试比较循环移位法和查表显示法有何优缺点？

项目三　键盘控制显示

——键盘接口技术

愿你知多点

从消费电子、家用电器到测控仪表，都设置由键盘供操作者输入指令或调取信息，例如空调、电视的遥控器以及热水器、电饭煲的操作面板等，那么，这些键盘是如何制作的呢？在这一章中，我们将通过完成“键盘的设计”任务来学习制作键盘的方法及相关知识。

键盘应用电路实例如图 3-1 所示。

图 3-1　键盘应用电路实例

教学目的

掌握：键盘应用电路设计方法。

理解：算术运算、逻辑运算指令应用；键盘驱动程序设计方法。

了解：复杂键盘的电路结构。

3.1 能力培养

本项目通过完成“键盘控制显示的设计”任务，可以培养读者以下能力：

（1） 能正确地连接键盘电路；

（2） 能正确编写检测出有无键击动作和识别按键的键值程序；

（3） 能制作非编码式键盘。

3.2 任务分析

要完成此项任务，需要掌握以下三方面知识：

（1） 如何将键击动作转换为位数字量信息；

（2） 如何设计键盘与单片机接口电路；

（3） 如何设计键盘驱动程序实现按键的键值计算。

下面将从这三方面进行学习。

3.3 如何将键击动作转换为位数字量信息

3.3.1 如何使用键盘

键盘是由若干个常开型按钮组成的开关电路，是单片机测控系统常用的输入模块，实现人机对话，为操作者对单片机测控系统的状态干预、数据输入及控制指令输入提供途径。

键盘根据其结构不同分为编码键盘和非编码键盘两种，编码式键盘是由其内部硬件逻辑电路自动产生被按键的编码值，如个人计算机的键盘，这种键盘使用方便，但价格较贵，在单片机测控系统中较少使用，因而本项目主要讨论非编码式键盘。

根据非编码式键盘与单片机的接法不同，可分为行列式键盘和独立式键盘，两者的工作原理相同，都是将键击动作导致的按钮闭合状态和单片机管脚电平转换为 I/O 脚的位数字量，识别方法需要由单片机开发者编写键盘驱动程序来识别按键的键击闭合状态、辨别被按下的按键并为其分配键值。其中独立式键盘的结构和驱动程序均简单，但较行列式键盘占用 I/O 口资源因而按键数量有限。上述描述中，单片机测控应用的键盘电路关键要解决两个问题：键击抖动、按键识别（包括键击动作识别和键值表示）。

编码式键盘通常由专用的集成电路 IC 扫描驱动，如 8279 可驱动由 64 个按键以 8×8 方式连接的键盘，该芯片内部有振荡电路外加晶体为行线、列线的扫描提供时钟频率，在此时钟作用下识别键值并存入芯片内部缓冲器，通过并行接口向单片机输送键码。

3.3.2　如何消除键盘抖动与转换位数字量

常用于键盘的按钮如 4×4 轻触开关，根据适用场合不同有贴片式、直插式等，实物外形如图 3-2 所示。

图 3-2　按键实物外形

这些按键是机械弹性触点式，内部安装有弹片，当施加外力克服弹片阻力时触点闭合接通按键的两个引脚，当撤除外力弹片复原时触点断开而引脚分离，在闭合、断开的过程中，由于机械弹性振动造成按键抖动，从而带来电气振荡。如图 3-3（a）所示的由按键-电阻器串联构成一个回路，则回路的中点 P1.0 点在按键按下与释放过程中，由于键抖动引起的电压波形振荡如图 3-3（b）所示。

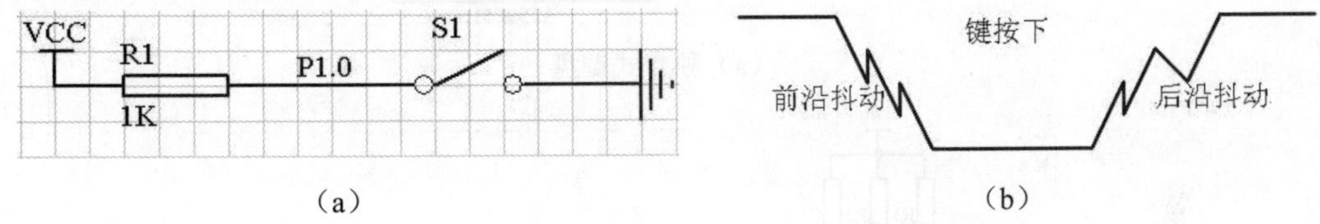

图 3-3　按键回路及抖动引起的电压振荡波形图

从图 3-3 中可以看出，抖动时间的长短由按键的机械特性决定，一般经过 5～10ms 振荡，电压稳定下来之后才能作为表示位数字逻辑的电平信号被检测使用，因此需要对按键采取消抖措施，通常有软件、硬件两种消除方法。软件方法是在检测按键电平后延时 10ms 再进行一次检测，若前后一致则认为处于键稳定区，如图 3-3（a）所示的电路，若检测到 P1.0 的电平为低则可认为 S1 被按下，此时可用位数字 0 表示键击动作。软件方法简单灵活、较常采用，而硬件方法只适用于按键数量较少的场合，采用各种触发器来消抖，因此较少采用。

轻触开关为了增强机械强度设置有 4 个脚，其中两个是常开触点，用于连接电路，可使用万用表的 1kΩ挡检测，当有触动时电气引脚导通电阻值为零，而另外两个不因触动而改变电阻值，纯粹用于安装固定，设计电路时其焊盘不需要连接导线。

3.3.3　如何识别按键与计算键值

如前所述，击键动作发生时将引起电平的变化，那么如何通过电平来识别按键呢？答案是我们主要通过位数字量来识别键击和表示键值。

本节分独立式键盘和行列式键盘介绍，两者的简单电路如 3-4 所示，其中独立式键盘有 3 个按键；行列式键盘有 9 个按键，属 3×3 型。

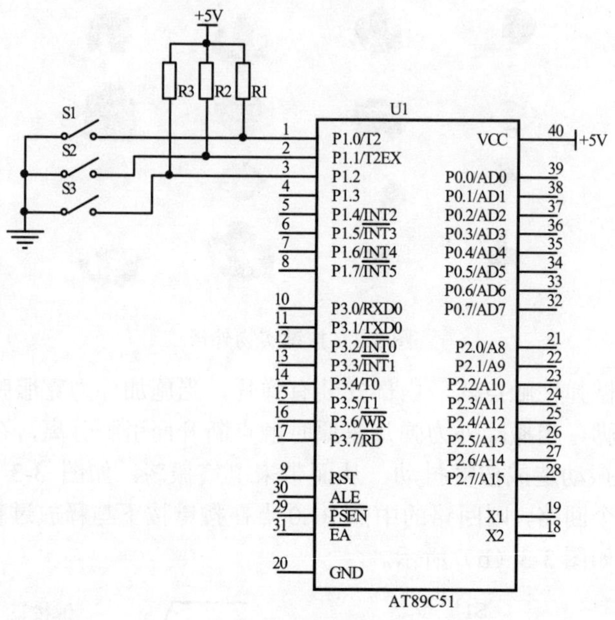

（a）独立式键盘

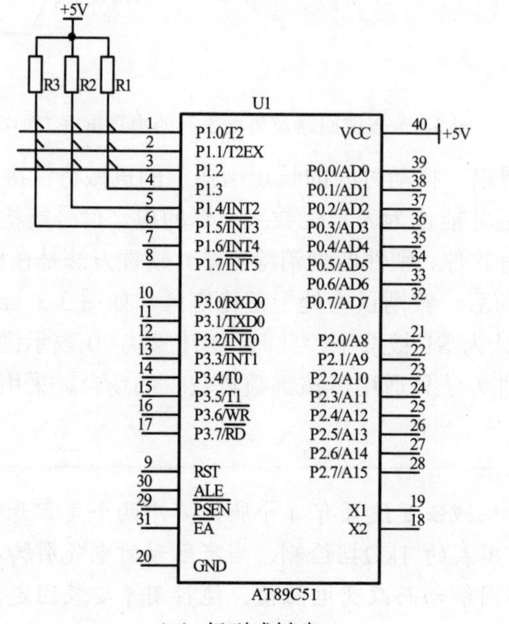

（b）行列式键盘

图 3-4　非编码键盘的类型

在独立式键盘电路中，单片机通过 I/O 口 P1.0～P1.2 分别连接到三个按键-电阻器回路的中点，当 S1～S3 任意一个被按下时，P1.0～P1.2 对应脚的电平为低电平，若单片机读取 P1 口的状态可获取位数字 0，否则读取到位数字 1，因此只要读取 P1 口的电平逻辑状态然后作逻辑运算，屏蔽除 P1.0～P1.2 外的位判断各位数值即可识别出按键，具体键值的流程图如图 3-5 所示。

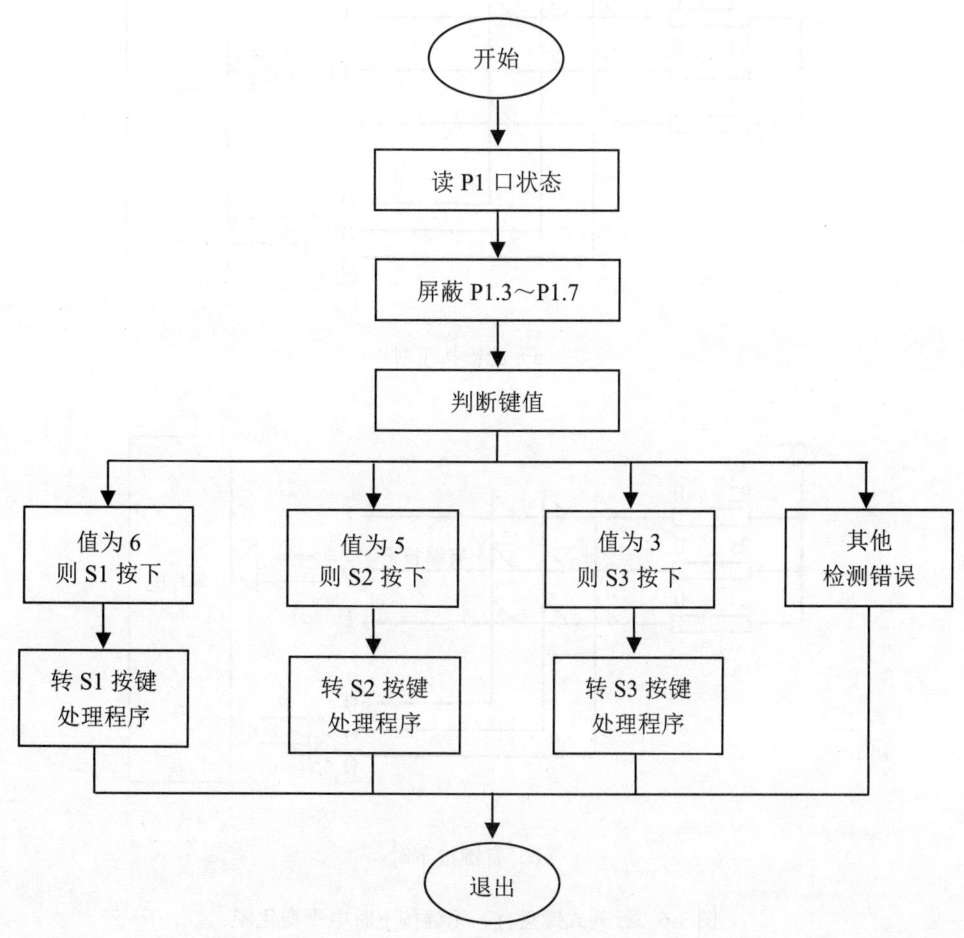

图 3-5　独立式键盘识别键值流程图

在行列式键盘电路中，由 I/O 口 P1.0～P1.2 作为行线输入，而 P1.3～P1.5 作为列线输入，将 9 个按键组织成 3×3 矩阵，电路的结构形式与独立式键盘相比，行线 I/O 脚与按键-电阻器回路的连接位置不变，只要每个 I/O 脚连接了同一行中的三个按键，三条列线相当于地从而形成一个“浮动地”，可根据需要通过单片机的逻辑运算指令将这些点分别设置为低电平（地电位）或高电平。因此，可通过列扫描的方式实现按键识别。

在图 3-6（a）中，当无按键按下时，单片机三条列线全部输出 0，则将从行线读入的位数字全为 1。

在图 3-6（b）中，当圆圈中的键被按下时，列线全部输出 0，被按下按键所在行线读入位数字为 0，其他行线仍然为 1，这样可通过检测行线状态判别是否有键被按下，并且可知被按下按键所在行号 i=2。

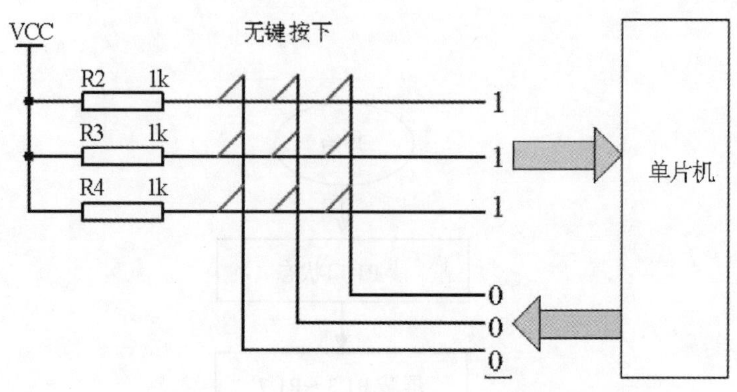

（a）无键按下时

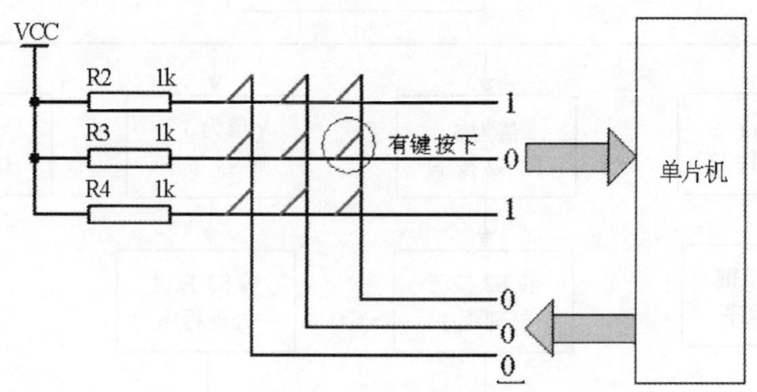

（b）有键按下时

图 3-6 行列式键盘有、无键按下时电平变化图

当判别有键按下后，如何进一步让单片机判断该行的三个按键中哪一个被按下呢？方法是：从三条列线中只有一条输出 0，其他列线输出 1，然后检测行线（尤其是 i=2 的行）的位数字是否出现 0，若没有则依次使下一列线输出 0，重复行线检测，直到有键按下的行（i=2）位数字为 0 为止，从而实现确定按键的位置，如图 3-6（a）～图 3-7（c）所示。通过列扫描，i=2，j=2，那么键值可由公式 k=（i-1）×3+j 求得。行列式键盘的键值识别流程图如图 3-8 所示。

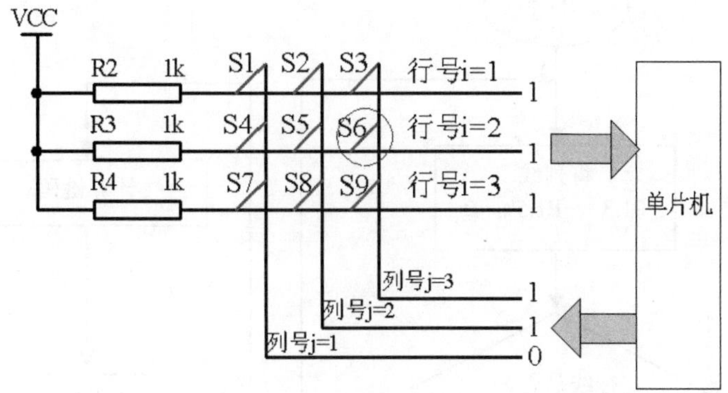

（a）扫描第 1 列

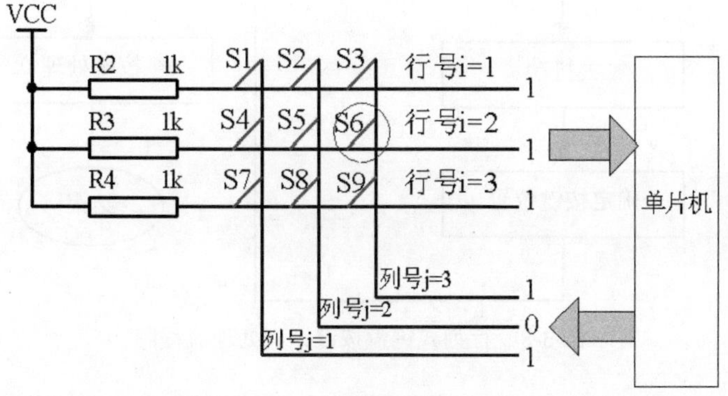

（b）扫描第 2 列

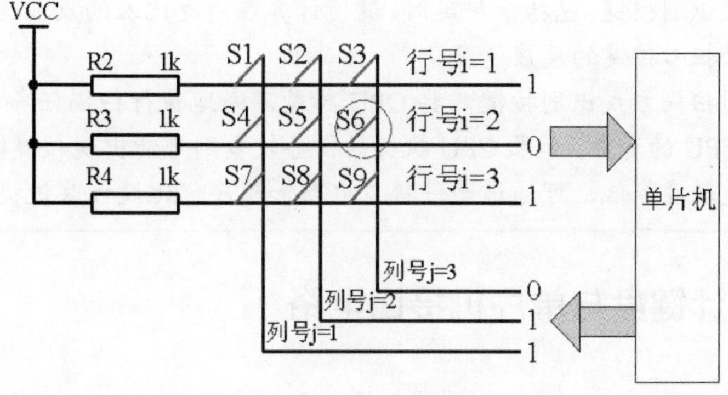

（c）扫描第 3 列

图 3-7　行列式键盘列扫描识别键值

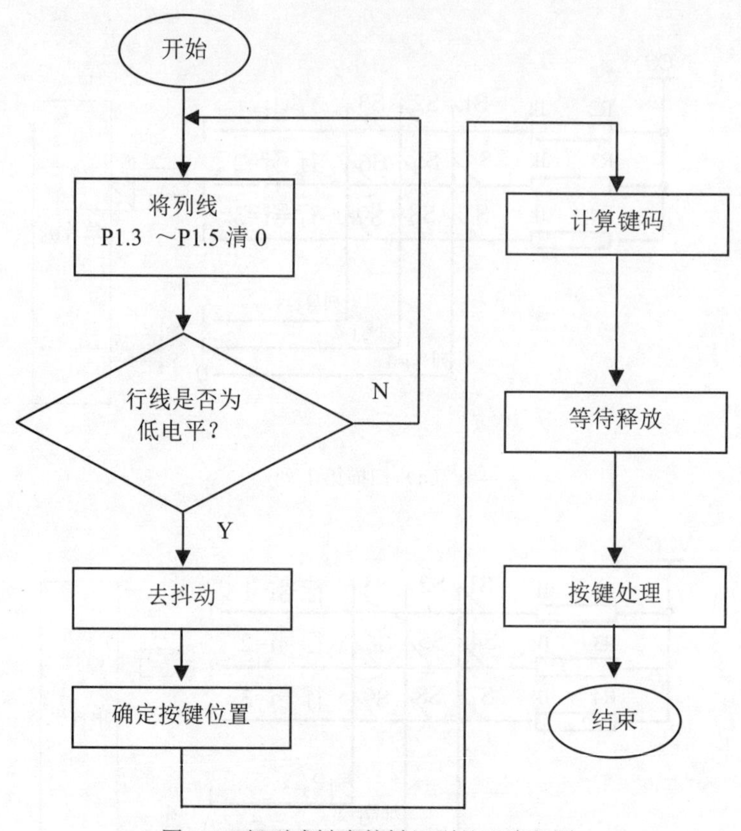

图 3-8　行列式键盘按键识别处理流程图

> 温馨提示
>
> 键值识别步骤较多，操作者是否需要长久按着键不放呢？答案是否定的。人的反应时间在数十毫秒，而对于 8 位单片机通常采用 12MHz 晶振，即使采用列扫描方式识别按键，包括消抖延时、键值计算在内也比人的反应速度快，所以大可不必担心按键的反应速度。
>
> 然而，对于列扫描方式识别按键需要 CPU 持续不断地执行扫描任务，这将极大地消耗 CPU 的资源，如果 CPU 执行的任务较多则可能出现按键时并无响应，造成灵敏度降低，可通过硬件接口电路和程序优化设计改进提高。

3.4　如何设计键盘与单片机接口电路

3.4.1　独立式键盘与单片机接口电路——键盘控制显示任务

图 3-9 中，按键 S1、S2、S3、S4 分别与电阻器串联接到电源和地电位点形成回路，其中电阻器与按键连接点接至单片机 89C51 的 P1.4、P1.5、P1.6、P1.7 口，通过按键的闭合与断开状态可改变 P1.4、P1.5、P1.6、P1.7 管脚的电平状态，从而改变相应接口的位值。

例如，当 S1 键被按下闭合时回路导通，使得地电位点引至 P1.4 脚，该位值由 1 变为 0。另外，本电路中发光二极管 LED1～LED4 通过串接电阻器一端接至电源，另一端接至 I/O 口 P1.0～P1.3，如此可由 I/O 口输出位数字 1 或 0 控制对应的 LED 灯熄灭或点亮。对于本应用任务实例，可通过编程实现某个按键被按下时对应的 LED 灯点亮进行指示。

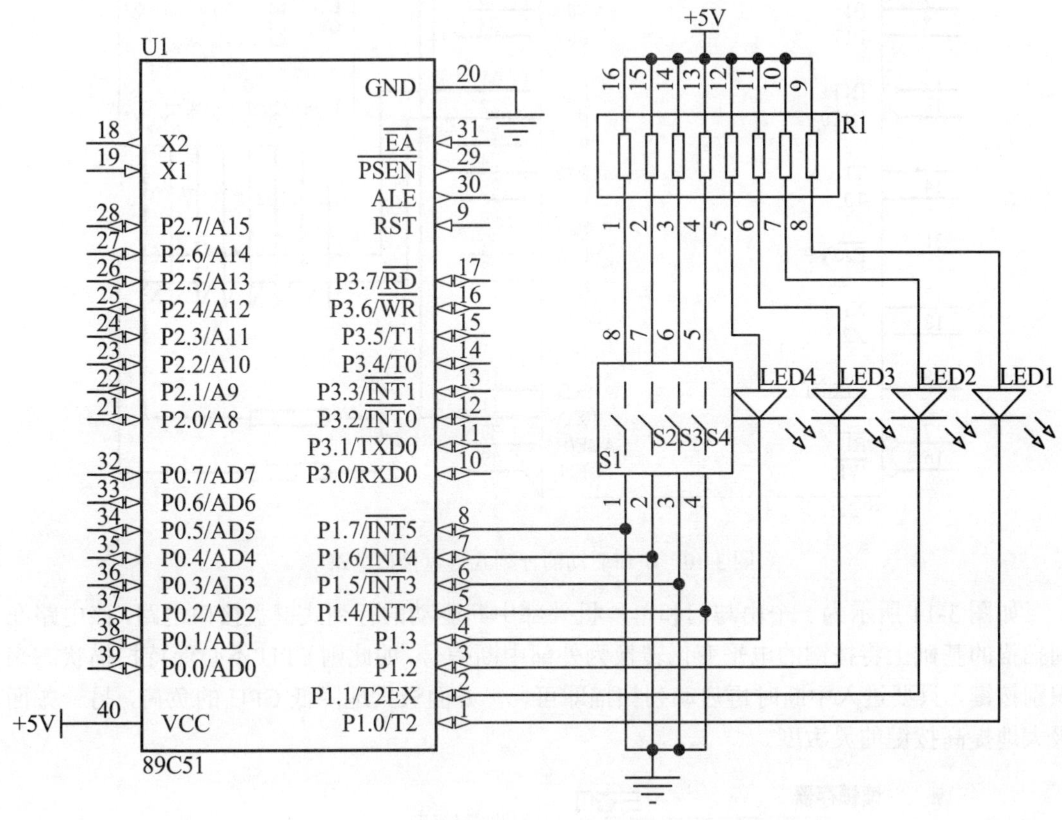

图 3-9　独立式键盘与单片机接口电路应用实例

3.4.2　行列式键盘与单片机接口电路

行列式键盘较独立式键盘对 I/O 口的利用率高，按键数量成平方数增长，因而在复杂的单片机测控系统中较常采用，与单片机的接口电路最简单的如图 3-4（b）所示，除此之外还可灵活使用 I/O 口构成行列式键盘，进一步节省 I/O 资源以及改进按键的识别灵敏度，降低单片机 CPU 执行按键扫描的开销。

如图 3-10 所示为一个由 164 驱动的行列式键盘，通过使单片机串行口工作在同步移位输出方式驱动 164 串并转换实现列扫描，该键盘更加节省资源，当行线为 n 时，可容纳 n×8 个按键。

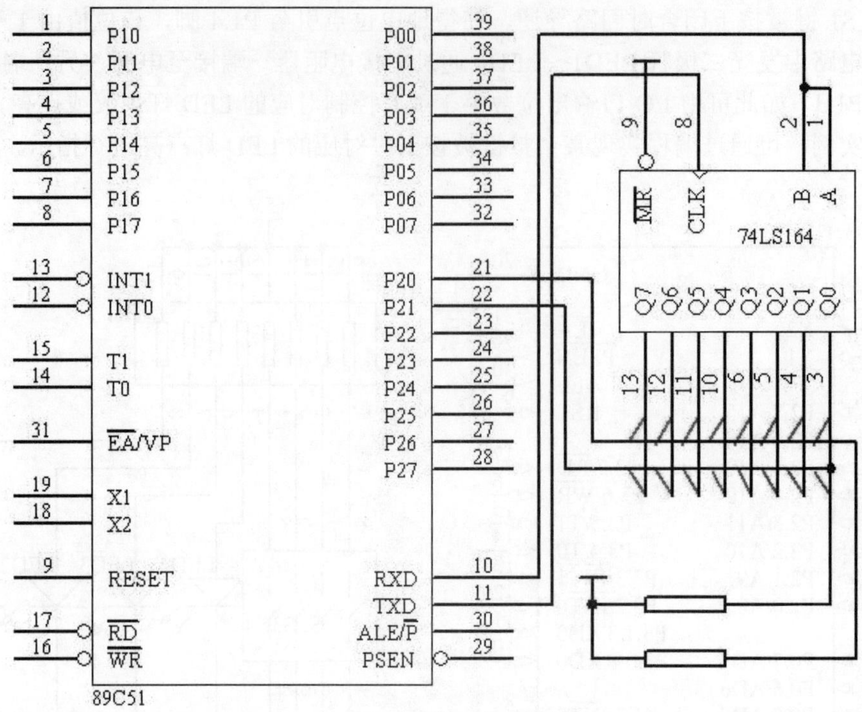

图 3-10　串口驱动的行列式键盘接口电路

如图 3-11 所示为一个由与门和单片机外部中断驱动的行列式键盘接口电路，该电路在列扫描的基础上将按键的电平变化转换为外部中断信号，如此则 CPU 不必保持扫描状态来识别按键，只要进入中断时再启动列扫描即可，一方面极大地降低 CPU 的负荷，另一方面极大地提高按键的灵敏度。

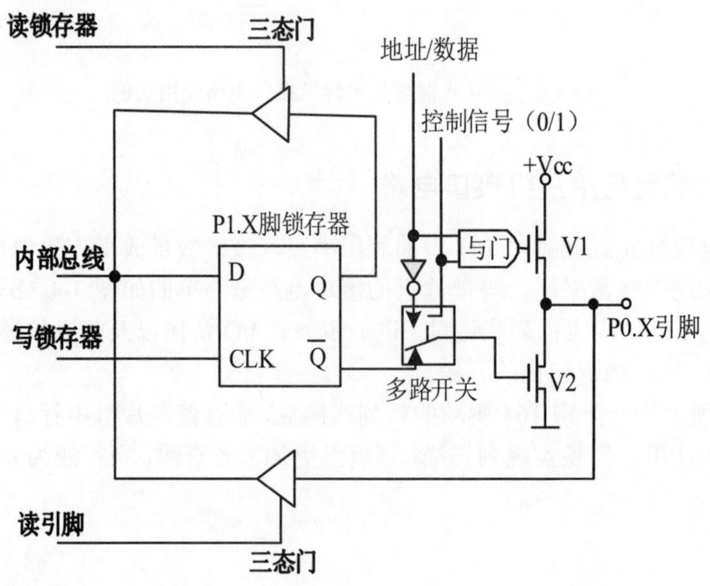

图 3-11　外部中断驱动的高灵敏度、高效率的行列式键盘接口电路

3.5　如何使用基本算术运算指令

在进行按键识别时，如何通过检测识别按键所在的行和列，再进行对应键值的求取呢？这需要使用算术逻辑运算指令进行处理。C51 具有丰富的算术运算指令，包括加、减、乘、除、加 1、减 1 等各类基本算术运算。

3.5.1　加法运算

1. 加法运算

unsigned char *a*=5，*b*=10，*c*；

c=*a*+*b*；

语句功能说明：

定义三个无符号字符型变量 *a*，*b*，*c*，其取值范围依据 C51 规则为 0～255；

其中，*a* 变量赋初值为 5，*b* 变量赋初值为 10，*c* 变量赋初值默认为 0；

c 变量存放两者求和的结果，*a*、*b* 变量分别为被加数、加数；

经过运算执行处理，*c* 变量的值为 15，在其变量类型的取值范围之内。

① 变量是 C 编译器在进行 C 程序代码编译处理时，自动在 51 单片机内部 RAM 空间中划分一个地址给予变量，进行变量数据的存取，具体分配的详细 RAM 地址，采用不同的 C 编译器会产生有不同的变量 RAM 地址分配。如有需要，在进行程序反汇编时可以查看到当前变量具体的 RAM 地址值，这个在 C 编程实践应用时，一般不予以过多地深究。

② C 语言中，变量类型的指定对应了变量的取值范围与属性，如 unsigned char c，*c* 的最大值为 255，在上述当中，如果 *a*=200，*b*=100，执行 *c*=*a*+*b*，则 *c*=255，结果出错！应修改为：

unsigned char *a*=200，*b*=100;

unsigned int c;//定义无符号整型变量 *c*，整型变量取值范围为 0～65 535

c=*a*+*b*;

此时，*c* 的运算结果值为 300，结果正确！

2. 加 1 运算

unsigned char *a*=5；

a++；

//*a*=*a*+1；

语句功能说明：

定义一个无符号字符型变量 *a*，初值为 5；

变量 *a* 中内容加 1 后，返送回变量 *a*，简称变量 *a*“自加 1”；

a++与 *a*=*a*+1 功能相同，结果相同，仅是书写表达式不同而已，代码书写格式较为灵

活、方便、直观，这也是运用 C 语言进行编程的优势之一。

3.5.2 减法运算

1. 减法运算

unsigned char *a*=5，*b*=10，*c*;

c=*b*-*a*;

定义三个无符号字符型变量 *a*，*b*，*c*，其取值范围依据 C51 规则为 0～255；

其中，*a* 变量赋初值为 5，*b* 变量赋初值为 10，*c* 变量赋初值默认为 0;

c 变量存放两者相减的结果，*a*、*b* 变量分别为减数、被减数；

经过运算执行处理，*c* 变量的值为 5，结果在其变量类型的取值范围之内。

2. 减 1 指令

unsigned char *a*=5;

a--;

//*a*=*a*-1;

语句功能说明：

定义一个无符号字符型变量 *a*，初值为 5;

变量 *a* 中内容减 1 后，返送回变量 *a*，简称变量 *a*“自减 1”;

a--与 *a*=*a*-1 功能相同，结果相同，也仅仅只是书写表达式不同而已。

3.5.3 乘法指令

unsigned char *a*=5，*b*=12，*c*;

c=*a***b*;

语句功能说明：

定义三个无符号字符型变量 *a*，*b*，*c*，初值分别为 5、12、0;

变量 *a* 中内容与变量 *b* 中内容进行相乘操作，其结果放于变量 *c* 中；

执行 *c*=*a***b* 后，*c* 中结果为 60，其运算结果在指定变量类型的取值范围之内。

在进行 C 语言编程时，对于数据变量类型的指定一定要引起程序编写者的高度关注与重视，否则，数据类型指定不符合、不合适，容易导致运算出错，引起程序功能执行错误。

3.5.4 除法指令

unsigned char *a*=11,*b*=5,*c*,*d*;

c=*a*/*b*;

d=*a*%*b*；

语句功能说明：

定义四个无符号字符型变量 *a*，*b*，*c*，*d*，初值分别为 11、5、0、0；

变量 *a* 中内容与变量 *b* 中内容进行相除取整操作，其结果放于变量 *c* 中；

变量 *a* 中内容与变量 *b* 中内容进行相除取余操作，其结果放于变量 *d* 中；

执行完代码后，变量 *c* 中结果为 2，变量 *d* 中结果为 1；

其运算执行后的结果均在指定变量类型的取值范围之内（unsigned char—0～255）。

3.6　如何使用基本逻辑运算指令

C51 单片机拥有丰富的逻辑运算处理，可进行清除、求反、移位、与、或、非等运算操作。

1. 与运算操作“&”

例如：若 *a*=0x95=1001 0101B，以下指令：

unsigned chr *b*,*c*=0x33;

b=*a*&*c*;

结果是：*b* 内容为 0x11,即 0001 0001B，规则是“有 0 出 0、全 1 为 1”。

又如：

unsigned chr *b*,*c*=0xf0,*a*=0x95;

b=*a*&*c*;

结果是：*b* 内容为 0x90，即 1001 0000B，又称之为屏蔽 *a* 中数据低 8 位处理。

2. 或运算操作“|”

例如：若 *a*=0x95=1001 0101B，以下指令：

unsigned chr *b*,*c*=0x33;

b=*a*|*c*;

结果是：*b* 内容为 0xB7，即 1011 0111B，规则是“有 1 出 1、全 0 为 0”。

3. 非运算操作“～”、“!”

（1）～ ——变量中内容逐位取反。

例如：若 *a*=0x95=1001 0101B，以下指令：

unsigned chr *b*;

b=～*a*;

结果是：*b* 内容为 0x6A,即 0110 1010B，规则是“数据内容逐位取反”操作。

（2）! ——位变量内容取反。

例如，以下指令：

bit *a*=1, *b*=1;

b=!*a*;

结果是：*b* 内容为 0，即 0 B，其运算规则是“位取反”操作。

3.7 如何设计键盘接口程序

3.7.1 编程实现键值识别

本项目提出的“独立式键盘控制显示”任务如图 3-9 所示电路，实现按键识别的程序如下。

1. 程序设计流程图

按键识别的主程序流程图如图 3-12 所示，按键识别子程序流程图如图 3-13 所示。

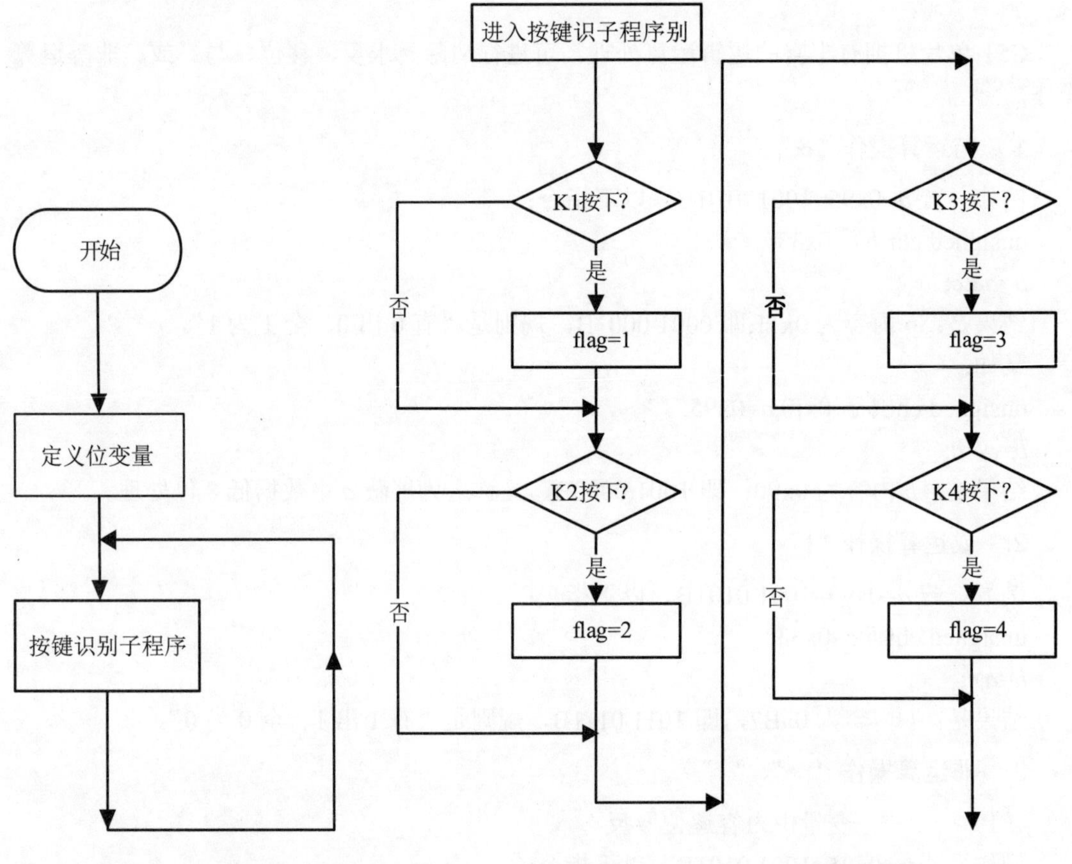

图 3-12 主程序流程图　　图 3-13 按键识别子程序流程图

2. 基本程序清单

```
#include <reg51.h>
sbit s1=P1^7;
sbit s2=P1^6;
sbit s3=P1^5;
sbit s4=P1^4;
unsigned char flag;//定义一个标志变量 flag
```

```
void delay()//定义小延时函数
{
 unsigned int x;
 for(x=0;x<20;x++);
}
void main()//定义主函数
{
while(1)
{
 if(s1==0)//判断 S1 是否被按下?
{delay();//调用延时抗抖动处理
 if(s1==0)//S1 确实被按下
  {
while(!S1);//等待 S1 释放松开
flag=1;//标志内容为 1
}
}
if(s2==0)// 判断 S2 是否被按下?
{delay();//调用延时抗抖动处理
 if(s2==0)// S2 确实被按下
  {
while(!s2); //等待 S2 释放松开
flag=2;// 标志内容为 2
}
}
if(s3==0) // 判断 S3 是否被按下?
{delay();//调用延时抗抖动处理
 if(s3==0)// S3 确实被按下
  {
while(!S3); //等待 S3 释放松开
flag=3;// 标志内容为 3
}
}
if(s4==0) // 判断 S4 是否被按下?
{delay();//调用延时抗抖动处理
 if(s4==0)// S4 确实被按下
  {
while(!S4); //等待 S4 释放松开
flag=4;// 标志内容为 4
}
}
}
}
```

程序说明:

① 此程序设计中，已运用软件延时作按键抗抖动处理;

② 标志 flag 的内容分别为：1、2、3、4，分别代表着 S1、S2、S3、S4 的键值。

3.7.2 键盘控制 LED 灯显示

键盘控制 LED 灯显示需要在独立式键盘识别键值的基础上做进一步的修改：首先，按照亮灯要求将键值转换为显示码；其次，将显示码从 LED 驱动接口输出，实现控制显示。

1. 如何将键值转换为显示码

根据要求，在图 3-9 中的 S1～S4 任意一个按键按下时点亮 LED1～LED4 中对应的一个，由电路可知，若使灯点亮需要驱动 LED 的 I/O 口输出低电平，可以直接将键值（flag:1,2, 3，4）对应于指定位 LED 灯（led1、led2、led3、led4）作为直接驱动显示使用。

2. 程序设计流程图

编程实现键值识别的主程序流程图如图 3-14 所示。

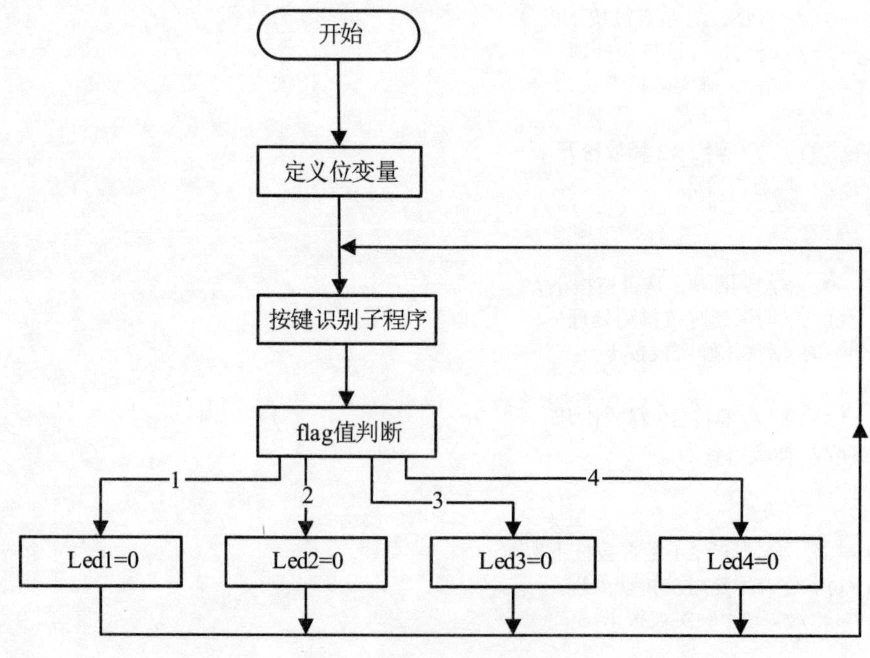

图 3-14　主程序流程图

按键识别子程序的流程图如图 3-15 所示。

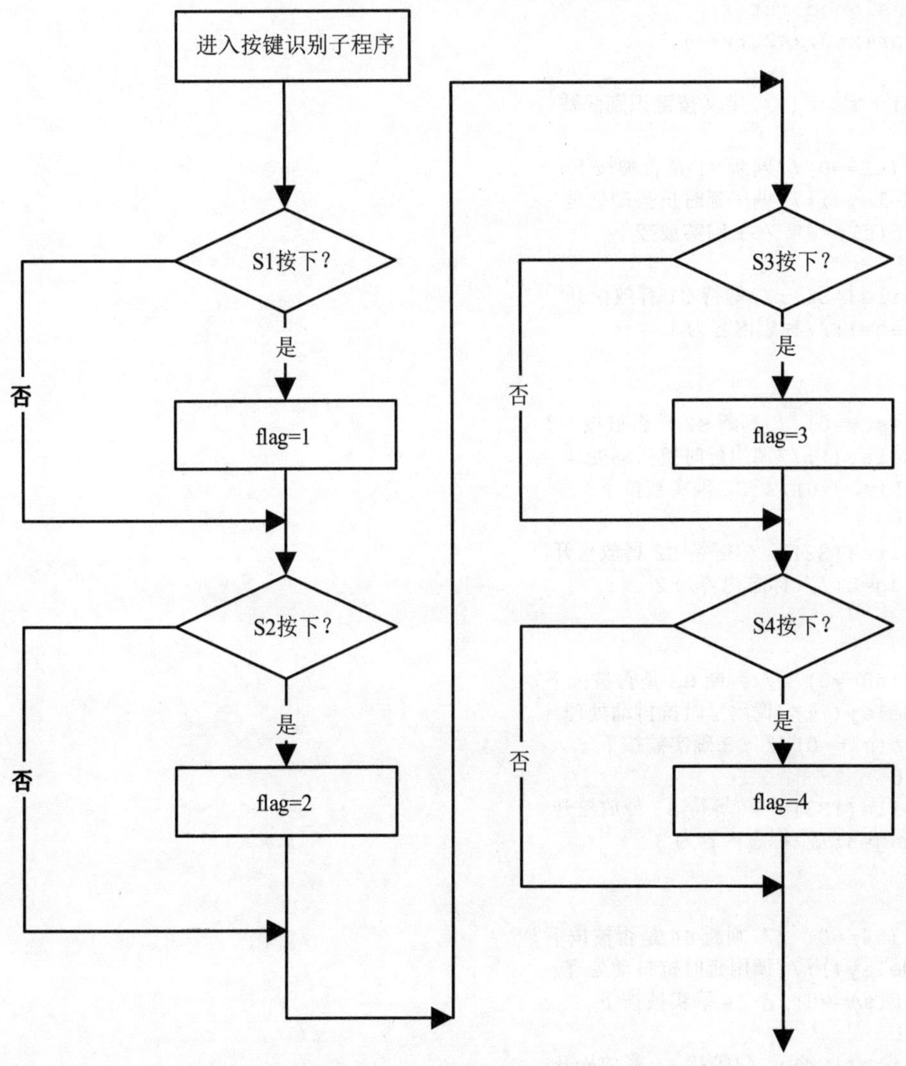

图 3-15 按键识别子程序流程图

3. 程序编写清单

```
#include <reg51.h>
sbit s1=P1^7;
sbit s2=P1^6;
sbit s3=P1^5;
sbit s4=P1^4;
sbit led1=P1^0;
sbit led2=P1^1;
sbit led3=P1^2;
sbit led4=P1^3;//定义全局位变量 8 个，分别代表开关与灯位
unsigned char flag;//定义一个标志变量 flag
void delay()//定义小延时函数
{
```

```
 unsigned int x;
 for(x=0;x<20;x++);
}
void scan()//定义按键识别函数
{
if(s1==0)//判断 S1 是否被按下?
{delay();//调用延时抗抖动处理
 if(s1==0)//S1 确实被按下
  {
while(!S1);//等待 S1 释放松开
flag=1;//标志内容为 1
}
}
if(s2==0)// 判断 S2 是否被按下?
{delay();//调用延时抗抖动处理
 if(s2==0)// S2 确实被按下
  {
while(!S2); //等待 S2 释放松开
flag=2;// 标志内容为 2
}
}
if(s3==0) // 判断 S3 是否被按下?
{delay();//调用延时抗抖动处理
 if(s3==0)// S3 确实被按下
  {
while(!S3); //等待 S3 释放松开
flag=3;// 标志内容为 3
}
}
if(s4==0) // 判断 S4 是否被按下?
{delay();//调用延时抗抖动处理
 if(s4==0)// S4 确实被按下
  {
while(!S4); //等待 S4 释放松开
flag=4;// 标志内容为 4
}
}
}
void main( )//定义主函数
{
P1=0xff;//P1 口置高电平，作好准备
 while(1)//循环
{
 scan();//调用按键识别函数
if(flag==1){led1=0;led2=1;led3=1;led4=1;}//仅点亮 led1 灯
if(flag==2){led2=0; led1=1;led3=1;led4=1;}//仅点亮 led2 灯
if(flag==3){led3=0; led1=1;led2=1;led4=1;}//仅点亮 led3 灯
if(flag==4){led4=0; led1=1;led2=1;led3=1;}//仅点亮 led4 灯
}
}
```

在独立式键盘控制显示程序中，CPU 每个循环周期执行三个任务：按键识别扫描、显示驱动、延时。为何要使用延时子程序？由于在扫描程序中需要将准双向 I/O 口 P1 置为输入状态，这将熄灭已点亮的 LED 灯，若无延时程序将使点亮的时间极为短暂，人眼难以察觉。

考考你自己

（1） 为何要对按键消除抖动？

（2） 在行列式键盘的按键识别过程中，列扫描法有哪些步骤？

（3） 如何设计高灵敏度、高效率的键盘接口电路？

（4） 带进位加法、带借位减法运算指令适用于什么场合？

（5） 图 3-9 所示的独立式键盘控制显示电路中，若要求当按键按下后对应的指示灯一经点亮保持直到下一个按键按下时熄灭，请编写程序并调试。

（6） 试根据键值计算公式设计程序，对图 3-11 所示行列式中断式矩阵键盘电路进行按键识别。

项目四　报警器设计

——中断原理及应用

愿你知多点

随着经济的发展和生活质量日益改善，人们对家庭生命财产安全越来越重视，采取了许多措施来保护家庭的安全。以往的做法是安装防盗门、防盗网，但也存在有碍美观，不符合防火要求，不能有效地防止坏人的入侵。现在，电子信息技术的发展使安居工程的实现成为可能，因而家庭电子安全防范报警系统也就应运而生。这些家庭安全防范报警系统一般在案情发生时，通过对射式红外线、热释电被动式红外线、门磁等探测器进行探测，将入侵转换为开关信号送入报警控制器实现报警。

在这一项目中，我们将通过完成“报警器设计”任务来学习中断的基本知识。

安防报警器应用实例如图 4-1 所示。

图 4-1　安防报警器应用实例

教学目的

掌握：安防探测、报警电路的设计方法。

理解：中断系统的工作原理；中断初始化及中断服务程序的设计方法。

了解：安全防范电子系统的结构。

4.1　能力培养

本项目通过完成“报警器设计”任务，可以培养读者以下能力：

（1）　能设计安防探测与报警电路；

（2）　能正确使用 MCS-51 单片机中断系统；

（3）　能制作安防报警器。

4.2　任务分析

要完成此项任务，需要掌握以下三方面知识：

（1）　如何使用常见的安防探测器；

（2）　如何设计报警电路及其与单片机接口电路；

（3）　如何设计中断服务程序。

下面将从这三方面进行学习。

4.3　如何使用 MCS-51 单片机中断系统

在项目三中制作了一个独立式键盘控制显示器（如图 3-9 所示），这个项目可实现当有按键按下时使对应的指示灯点亮，但要实现该功能，CPU 必须一直处于按键识别状态，造成资源浪费。在图 3-11 中，将按键电平作为 4 输入与门的输入端，当有按键时，$\overline{\text{INT0}}$脚电平为低电平，则需要不断执行以下程序段检测：

```
if (P3^2==0) //查询 P3.2 脚（INT0）是否为低电平
  { scan (); }//若为低电平，则调用按键识别子程序，进行按键扫描与键值确定
```

对于一个单片机测控应用系统，通常会在一个 CPU 的循环周期内安排较多的任务，那么怎样才能使 CPU 从繁重的按键识别任务中解放出来呢？对于这个问题，可以运用单片机中断系统予以解决。

4.3.1　中断的概念与功能

中断是指单片机在执行程序的过程中，由于单片机内、外的某种原因使其暂时中止原程序的执行，转而去为该突发事件服务，处理完成后再返回原程序继续执行的过程。引起中断的事件或发出中断申请的来源称为中断源。中断源有外部 I/O 设备、定时器、串行通信以及系统故障（如掉电）、程序执行错误（如除数为 0）等。

中断执行相当于调用子程序，因而将中断处理程序称为中断服务子程序。与子程序调用的区别在于中断的发生是随机的，其对中断服务子程序的启动是在检测到中断请求信号后自动完成的，而子程序的调用是由编程人员事先安排好的。因此，中断又可定义为 CPU 自动执行中断服务程序并返回原程序执行的过程。

在单片机中引入中断具有以下优点：

① 可以提高CPU的工作效率。单片机有了中断功能后，CPU和外设、定时器、通信等部件就可以同步工作，CPU只要启动这些部件就可以执行原程序，而这些部件在完成指定的操作后向CPU发出中断请求，CPU暂时中止原程序的执行转去服务这些部件，完成后继续执行原程序。在中断服务程序中，CPU向这些部件下达新的命令或数据，之后这些部件就可以继续与CPU并行工作。

② 便于实时处理。有了中断功能后，实时测控现场的各个参数、信息，在任何时刻都可以向CPU发出中断申请作出及时处理。

作为单片机的中断系统，包括硬件电路和软件程序，主要实现以下几大功能：

① 中断响应，识别中断标志信号并由CPU决定是否响应，一旦响应则保护原程序端点与现场并转到中断服务程序的入口；

② 中断返回，CPU在执行完中断服务程序并遇到中断返回指令时，自动取出堆栈中的断点地址以返回到原程序断点处继续执行原程序；

③ 中断优先级排队与中断嵌套，如同接电话与开水壶两个事件相比开水壶的处理更为紧急，即中断系统应能优先响应中断优先级高的部件，或者在处理低优先级事件时能够被高优先级中断，嵌套进入更高一级的中断服务，当返回时由高级返回低级中断，处理完毕后再返回原程序执行。

我们可以想象，当你在家看书时电话铃响了，你将如何行动呢？首先，将书的页码记下，然后去接电话，接完电话返回来再找回以前的页码继续看书。若是在接电话时烧开水的壶沸腾了怎么办呢？势必是中止接电话去处理开水壶，处理完再回来继续来接电话，直到挂机后再返回继续看书。单片机中断系统的概念与此十分类似。

看书-电话中断与CPU中断对比示意图如图4-2所示。

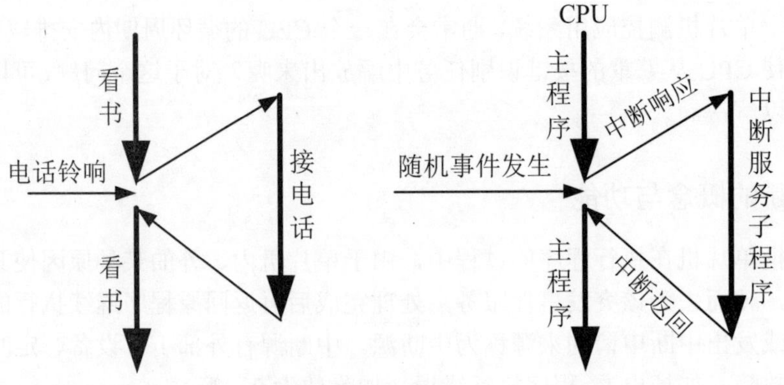

图4-2　看书-电话中断与CPU中断对比示意图

4.3.2　MCS-51 单片机的中断系统

MCS-51 单片机有 5 个中断源，包括 2 个外部中断、2 个定时/计数器中断和 1 个串行口中断。中断源信号、中断控制、中断响应条件及响应过程，由中断源置位特殊功能寄存器 TCON 中相对应的位决定，在中断允许寄存器 IE 的允许位值为 1 的前提下将中断信号送入中断响应队列引起 CPU 响应中断，中断队列分高优先级和低优先级两个，由 IP 寄存器中相应的位值决定。

MCS-51 单片机中断响应控制示意图如图 4-3 所示。

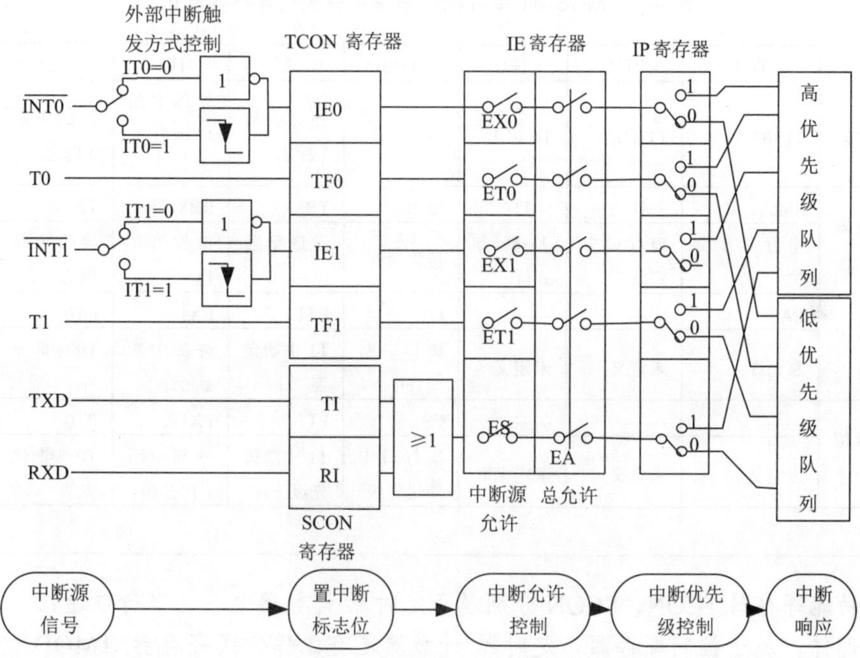

图 4-3　MCS-51 单片机中断响应控制示意图

1. 中断源

外部中断 0：即 $\overline{\text{INT0}}$，其中断请求信号由引脚 P3.2 输入。

外部中断 1：即 $\overline{\text{INT1}}$，其中断请求信号由引脚 P3.3 输入。外部中断请求有两种信号方式，即电平触发方式和脉冲下降沿触发方式。在电平触发方式下，CPU 在每个机器周期的 S5P2 时刻采样 $\overline{\text{INT0}}$（P3.2）/ $\overline{\text{INT1}}$（P3.3）引脚的输入电平，若采样到低电平，则判定为中断请求，置位中断标志位 IE0（TCON.1）、IE1（TCON.3），在中断允许寄存器的 EX0（IE.0）、EX1（IE.2）、EA（IE.7）为 1 的情况下即可进入中断服务子程序；在脉冲下降沿触发方式下，CPU 在每个机器周期的 S5P2 时刻采样 $\overline{\text{INT0}}$（P3.2）/ $\overline{\text{INT1}}$（P3.3）引脚的输入电平，若在相继两次采样中，前一个机器周期采样信号为高电平，后一个机器周期采样信号为低电平，即采样到一个下降沿，则判定为一个中断请求信号，将相应的中断标志位置 1 请求中断。$\overline{\text{INT0}}$ 和 $\overline{\text{INT1}}$ 的中断触发方式由 IT0（TCON.0）、IT1（TCON.2）设置。

定时器/计数器中断：包括定时器/计数器 0（即 T0）和定时器/计数器 1（即 T1），当作为定时器使用时其中断请求信号取自单片机内部定时脉冲，当作计数器使用时，其中断请求信号取自 T0（P3.4）/T1（P3.5）引脚。启动定时器后，每个机器周期或在其引脚上每检测到一个脉冲信号 T 计数器就加一次，当溢出时即刻置位中断标志位 TF0（TCON.5）/TF1（TCON.7）。

串行口中断：串行口中断分为发送中断与接收中断两种，每当串行口发送端（TXD，P3.1 脚）发送或从接收端（RXD，P3.0 脚）接收完一组串行数据时，就产生一个中断信号将中断标志位 TI（SCON.1）或 RI（SCON.0）置 1。

MCS-51 单片机中断系统有关的寄存器的位分配如表 4-1 所示。

表 4-1　MCS-51 单片机中断系统有关的寄存器的位

TCON 寄存器位功能	TF1	TR1	TF0	TR0	IE1	IT1	IE0	IT0
	T1 中断标志	T1 启动	T0 标志	T0 启动	外部中断 1 标志	外部中断 1 触发方式	外部中断 0 标志	外部中断 0 触发方式
SCON 寄存器位功能	SM0	SM1	SM2	REN	TB8	RB8	TI	RI
	串行口方式位	串行口方式位	多机方式位	接收允许	发送第九位	接收第九位	接收中断标志	发送中断标志
IE 寄存器位功能	EA	-------	-------	ES	ET1	EX1	ET0	EX0
	总允许	未定义	未定义	串口中断允许	T1 中断允许	外部中断 1 允许	T0 中断允许	外部中断 0 允许
IP 寄存器位功能	-------	-------	-------	PS	PT1	PX1	PT0	PX0
	未定义	未定义	未定义	串行口中断优先级	T1 中断优先级	外部中断 1 优先级	T0 中断优先级	外部中断 0 优先级

特殊功能寄存器 TCON、SCON 分别属于定时器/计数器电路、串行口通信电路部件，属于控制寄存器，定时器/计数器还有工作方式寄存器 TMOD 和加计数器 TH0、TL0、TH1、TL1，串行口有发送/接收缓冲器 SBUF。

2.　中断允许

MCS-51 单片机中断系统应用时,需要程序设计者通过编程设置中断允许位开启或禁止各个中断源，如图 4-4 所示。

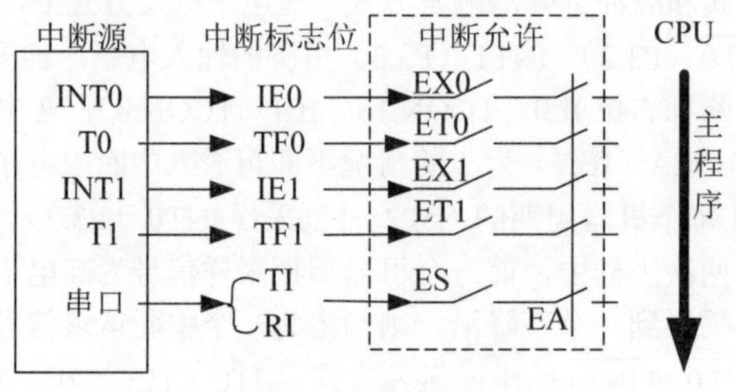

图 4-4　中断允许示意图

3. 中断优先级与中断嵌套

为了更好地实现中断控制，中断系统优先级依据以下控制原则：低优先级中断不能打断高优先级中断的服务程序，但高优先级可以打断低优先级的中断服务，这称为中断嵌套，如图 4-5 所示。

同级中断不能打断同级中断服务，如果多个同级中断源同时申请中断时，CPU 按照默认顺序响应，即按外部中断 0→定时/计数器 0→外部中断 1→定时/计数器 1→串行中断优先级顺序响应。

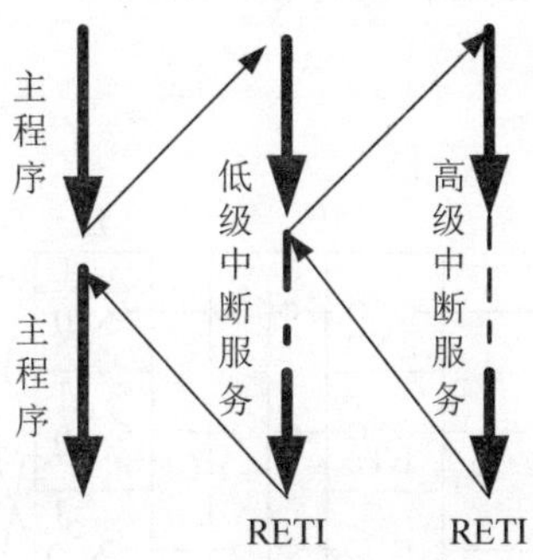

图 4-5　中断嵌套示意图

4. 中断响应过程与中断源入口

中断响应过程包括保护断点和将程序转向中断服务程序入口地址。首先，中断系统通过硬件自动生成一个长调用指令（LCALL），将断点地址压入堆栈保护（不保护累加器 A、PSW 和其他寄存器内容），然后，将对应的中断入口矢量地址送入程序计数器 PC，使程序转向该中断入口执行中断服务程序。MCS-51 单片机各中断入口地址由硬件实现设定，分配如表 4-2 所示。

表 4-2　中断入口地址

中 断 源	入口地址	C51 中断入口编号
外部中断 $\overline{\text{INT0}}$	0003H	0
定时器/计数器 T0 中断	000BH	1
外部中断 $\overline{\text{INT1}}$	0013H	2
定时器/计数器 T1 中断	001BH	3
串行口中断	0023H	4

入口地址是 ROM 单元地址，两个中断源入口单元之间相隔 8 个字节单元。中断响应后转向中断向量入口执行中断服务子程序，然而一般的中断服务子程序都超过 8 个字节，因此通常是使用 ORG 伪指令把中断服务子程序放在 ROM 的另外一个区域，而在入口地址处单元内存放无条件跳转指令，转入中断服务子程序区。

4.3.3 中断编程

如前所述，中断系统的主要作用是实现多个任务分时操作和紧急任务实时处理，即CPU 可以同多个外设“同时”工作以及 CPU 能够及时处理随机事件。通常将单片机测控应用系统的功能拆分为若干个子任务，将实时性要求低的子任务作为无限循环序列由 CPU不断执行，而将实时性高、能够由其他电路部件完成的子任务设置为中断服务子程序，当中断发生时申请中断响应执行，把这种运行模式称为前后台模式，如图 4-6 所示。

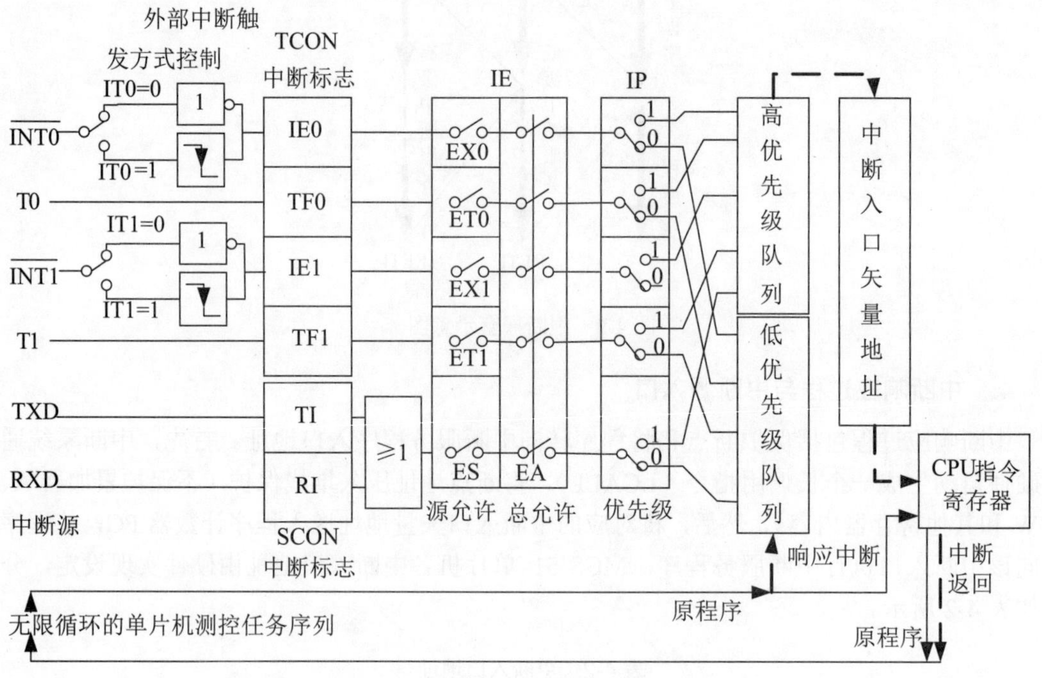

图 4-6　单片机前后台运行模式示意图

单片机的这种运行模式需要对程序作出特殊处理，主要是合理地对程序存储器 ROM进行分区，在系统入口处存放主程序（由中断初始化和无限循环子任务序列组成）跳转指令，在中断入口地址单元存放中断服务子程序跳转指令，在较高的地址单元之后开始存放主程序和中断服务子程序。另外，在中断服务子程序开始处做好保护现场和在中断返回之前做好恢复现场操作。ROM 分区与程序结构模式如图 4-7 所示。

例 1：编写中断系统初始化编程，要求外中断 1、定时器 1 允许中断，其他不允许。

本题主要要求对中断允许特殊功能寄存器 IE 的相应值进行设置，既可以用字节操作指令实现，也可以用位指令实现。

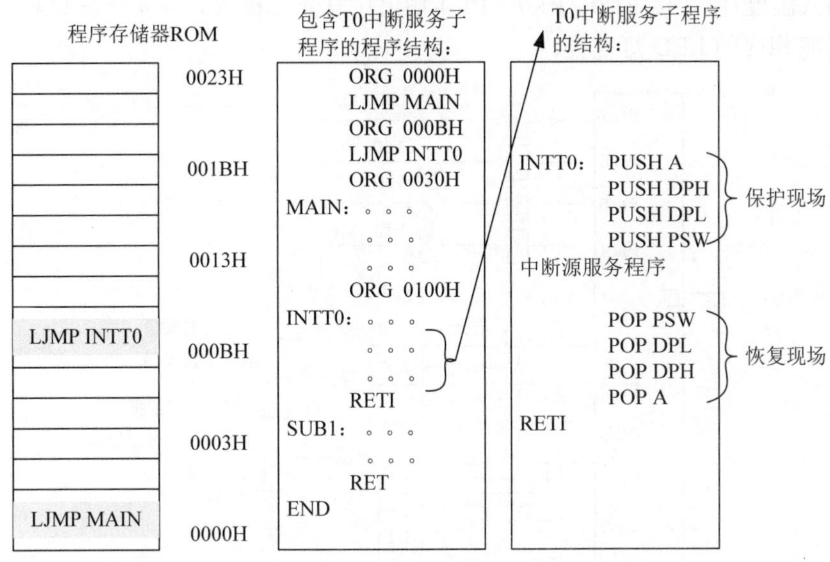

图 4-7　ROM 分区与程序结构模式示意图（采用汇编格式）

方法 1：字节（寄存器）操作：

IE = 0x8C；//IE=1000 1100B

方法 2：位操作：

EA=1；　//使 EA＝1，CPU 开放总中断

ET1=1；　//使 ET1＝1，定时/计数器 1 允许中断

EX1=1；//使 EX1＝1，外中断 TNT1 允许中断

例 2：编写中断系统初始化编程，要求将 T0、外中断 1 设为高优先级，其他为低优先级。

IP 的首 3 位没有使用，可取任意值（若设为 000），后面根据要求为 00110，指令如下：

IP=0x06；

例 3：编写中断系统初始化编程，要求将外部中断 1 设置为低电平触发、高优先级。

方法 1：位操作指令的程序：

EA=1；

EX1=1；//开外中断 1 中断

PX1=1；//令外中断 1 为高优先级

IT1=0；

方法 2：字节型指令的程序：

IE=0x84；//开外中断 1 中断

IP=IP|(0x04)；//令外中断 1 为高优先级

TCON=TCON&(0xfb)；//外中断 1 为采用电平方式触发

例 4：图 4-8 所示为一个蒸汽锅炉的硬件报警系统，对液位、压力、温度等物理量进行监测，实现越限告警。其中，液位上、下限 SL1、SL2 开关取自“色带指示报警仪”，分别接 P1.3，P1.2。蒸汽压力下限 SP 开关取自“压力计”，接 P1.1。炉堂温度上限 ST 开关取自“动圈式温度计”，接P1.0。P1.7～P1.4输出接发光二极管，与4个参数对应，请编程实现越限时将相应的LED灯点亮。

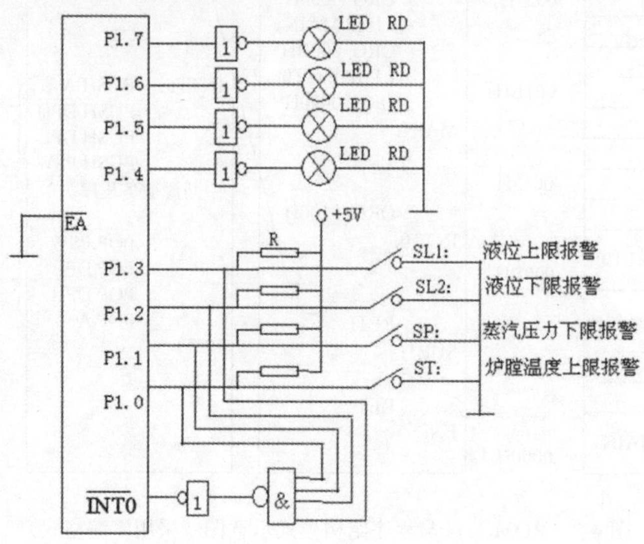

图4-8　蒸汽锅炉越限报警系统

1. 程序设计流程图

图4-9和图4-10所示为程序设计的主程序及报警子程序流程图。

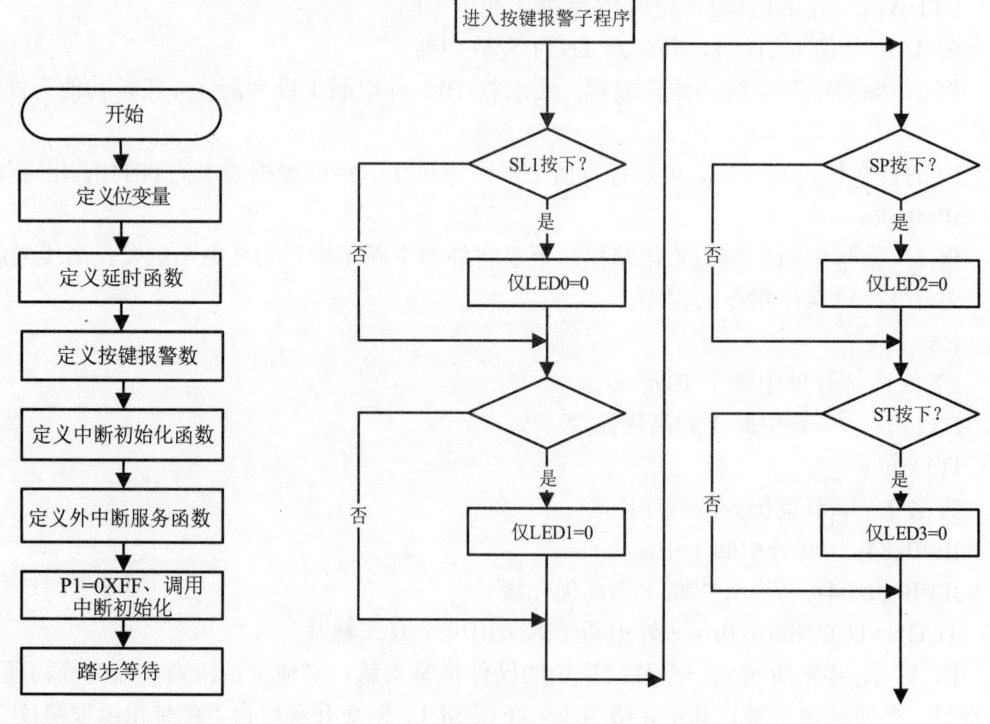

图4-9　主程序流程图　　　　图4-10　按键报警子程序流程图

图 4-11 和图 4-12 所示为程序设计的初始化程序流程图及中断服务子程序流程图。

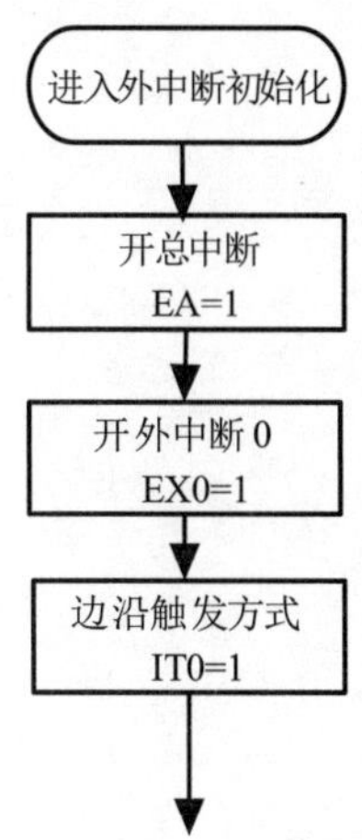

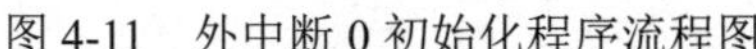

图 4-11　外中断 0 初始化程序流程图

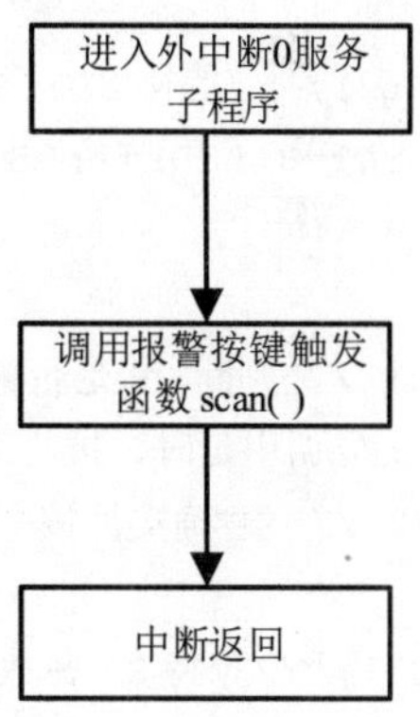

图 4-12　中断服务子程序

2.　程序设计清单

```
#include <reg51.h>//包含 51 单片机头文件
sbit SL1=P1^3;
sbit SL2=P1^2;
sbit SP=P1^1;
sbit ST=P1^0;
sbit LED0=P1^7;
sbit LED1=P1^6;
sbit LED2=P1^5;
sbit LED3=P1^4;// 定义 8 个位变量
void delay()//定义小延时函数
{
unsigned int x;
for(x=0;x<20;x++);
}
void scan()//定义报警按键触发函数
{
if(SL1==0)//判断 SL1 是否被按下?
{delay();//调用延时、抗抖动处理
 if(SL1==0)//SL1 确实被按下
  {
while(!SL1);//等待 SL1 释放松开
LED0=0;LED1=1;LED2=1;LED3=1;//LED0 点亮警示
}
}
```

```
if(SL2==0)// 判断 SL2 是否被按下？
{delay();//调用延时、抗抖动处理
 if(SL2==0)// SL2 确实被按下
  {
while(!SL2); //等待 SL2 释放松开
LED0=1;LED1=0;LED2=1;LED3=1; //LED1 点亮警示
}
}
if(SP==0) // 判断 SP 是否被按下？
{delay();//调用延时、抗抖动处理
 if(SP==0)// SP 确实被按下
  {
while(!SP); //等待 SP 释放松开
LED0=1;LED1=1;LED2=0;LED3=1; //LED2 点亮警示
}
}
if(ST==0) // 判断 ST 是否被按下？
{delay();//调用延时、抗抖动处理
 if(ST==0)// ST 确实被按下
  {
while(!ST); //等待 ST 释放松开
LED0=1;LED1=1;LED2=1;LED3=0; //LED3 点亮警示
}
}
}
void csh()//定义外中断 0 初始化函数
{
 EA=1;//开总中断允许
EX0=1;//开外中断 0 允许
IT0=1;// 中断申请方式为边沿触发，下降沿申请中断
}
void main()//定义主函数，具备唯一性
{
 P1=0xff;//P1 口全部置"1"，高电平作好准备
csh();//调用中断初始化函数
 while(1);//踏步等待
}
void int0_() interrupt 0//定义外中断 0 执行函数
{
scan();//调用报警按键触发函数
}
//程序结束
```

CPU 响应某中断请求后，在中断返回前，应该撤除该中断请求，否则会引起另一次中断。

① 边沿激活的外部中断：CPU 在响应中断后，也是用硬件自动清除有关的中断请求标志位 IE0 或 IE1，使其为 0；

② 电平触发外部中断撤除方法较复杂。

因为在电平触发方式中，CPU 响应中断时不会自动清除 IE1 或 IE0 标志，所以在响应中断后应立即撤除 INT0 或 INT1 引脚上的低电平，一般由外电路的硬件方式来保证实现；

③ 定时器 0 或 1 溢出：CPU 在响应中断后，硬件清除了有关的中断请求标志 TFO 或 TF1，即中断请求是单片机响应中断后自动撤除的。

④ 在硬件上，CPU 对 INT0 和 INT1 引脚的信号不能控制，所以这个问题要通过外电路硬件，再配合软件来解决。

⑤ 串行口中断：CPU 响应中断后，没有用硬件清除 TI、RI，故这些中断不能自动撤除，而是要靠软件设计来清除相应的标志位状态。

4.4　如何设计安防报警电路

安防报警电路包括警情探测器电路、报警电路和报警控制器三个部分。警情探测器电路将入侵转换为电平信号，作为由单片机构成的报警控制器的外部中断输入信号，经单片机程序判断后输出信号启动报警电路工作。

4.4.1　如何使用安防探测器

随着电子技术的发展，用于安全防范报警系统的探测器种类繁多，按发送与接收方式可以分为有线、无线等形式，如红外线对射式探测器、人体热释电红外线感应式探测器、门磁开关、金属网断线式以及超声波探测式、微波探测式等。下面介绍运用红外线对射式探测器、人体热释电红外线感应式探测器、门磁开关、金属网断线式安防探测器设计的报警器，并对其电路结构和工作原理进行分析。

红外线对射式探测器电路结构及实物如图 4-13 所示，它由红外线光电管和红外线接收管组成，当发射、接收之间无遮挡时光电流作用下导通电阻值极小，探测器输出点为低电平，当有物体遮挡时在暗电流作用下导通电阻值变得很大，输出高电平。

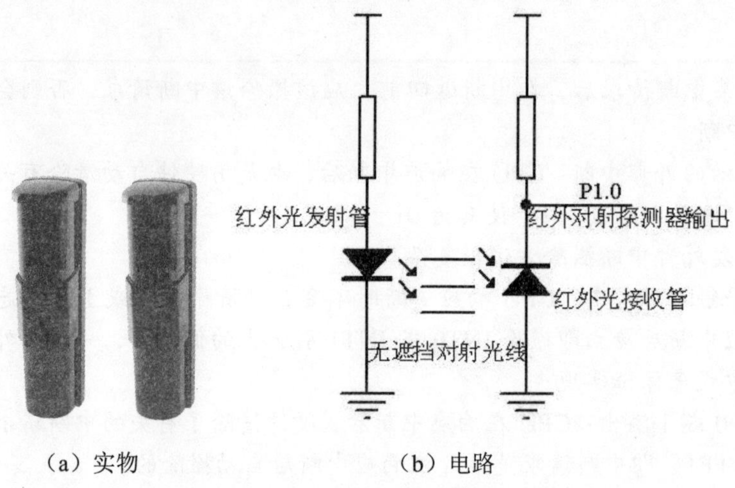

（a）实物　　（b）电路

图 4-13　红外线对射式探测器

人体热释电红外线感应式探测器电路结构及实物如图 4-14 所示。

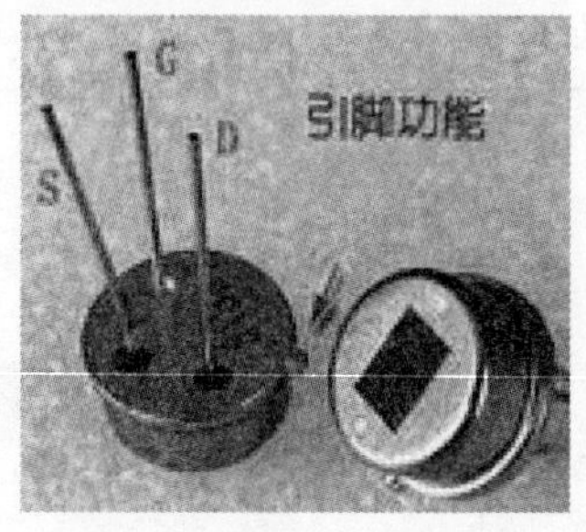

（a）人体热释电红外线感应传感器

（b）探测器实物

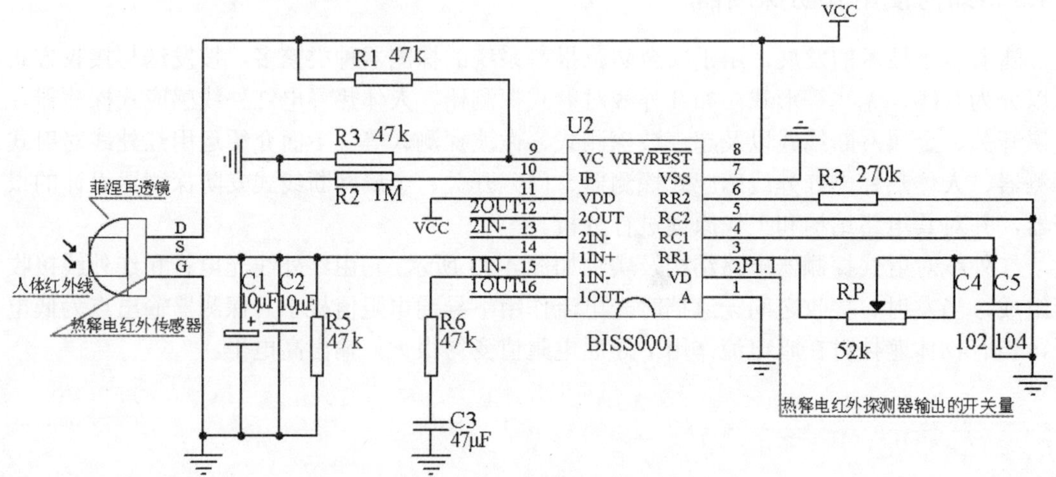

（c）电路

图 4-14　人体热释电红外线感应式探测器

人体热释电红外线感应式探测器电路由热释电传感器、红外信号放大检测电路和菲涅耳透镜组成，在当菲涅耳透镜前面形成一个半球形的探测区域，当该区域内无人移动（红外辐射热源）时探测器输出点为低电平，当有人移动时输出高电平。

门磁开关和金属网断线式探测器的电路结构如图 4-15 所示，其工作原理与项目三所述按键相同。当门或窗闭合时门磁靠近开关建立磁场使其闭合，输出低电平，否则输出变为高电平。金属网断线式探测器的金属线断开时相当于常闭开关打开将输出高电平。

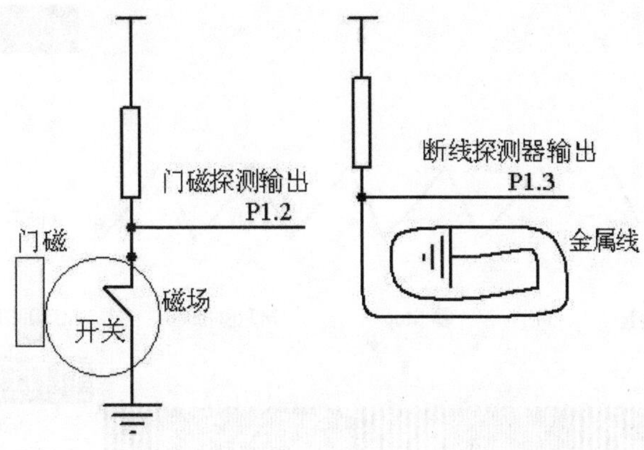

图 4-15　门磁开关和金属网断线式探测器

4.4.2　安防报警电路

安防报警电路如图 4-16 所示。

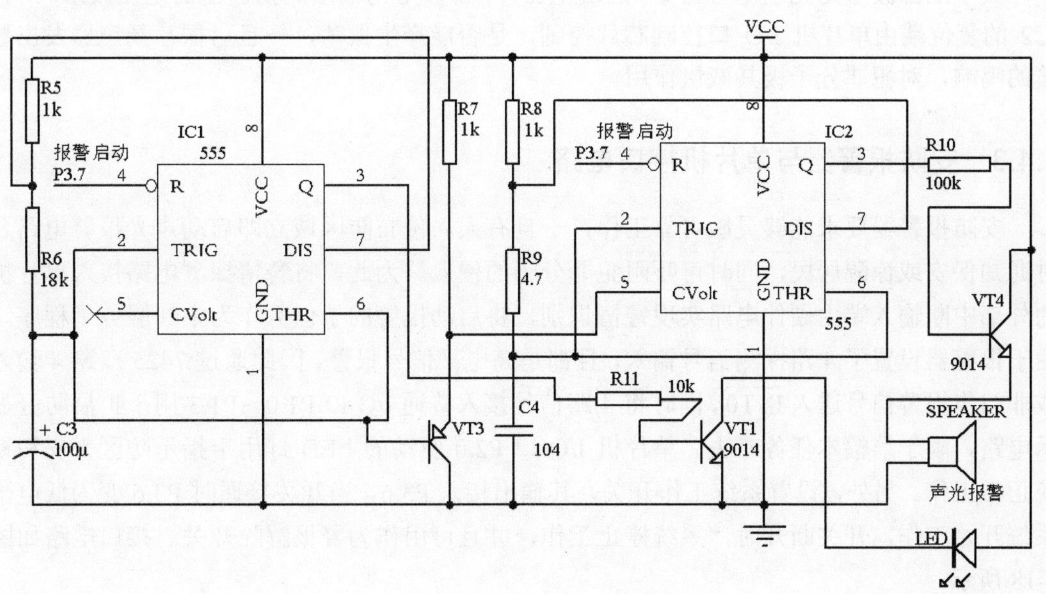

图 4-16　安防报警电路

安防报警电路由振荡电路、输出驱动 LED 和扬声器组成。图 4-16 中，IC1（555 集成电路）和 R5，R6，C3 组成频率固定的低频振荡器，其输出驱动 LED 灯闪烁，IC2（555 集成电路）和 R8，R9，C4 组成频率可变的振荡器，其参考电压取自充电电容器 C3 的端电压，是经 PNP 三极管耦合得到的，因而 IC2 的振荡频率变化，IC2 的 PIN5 和 PIN3 的波形如图 4-17 所示。

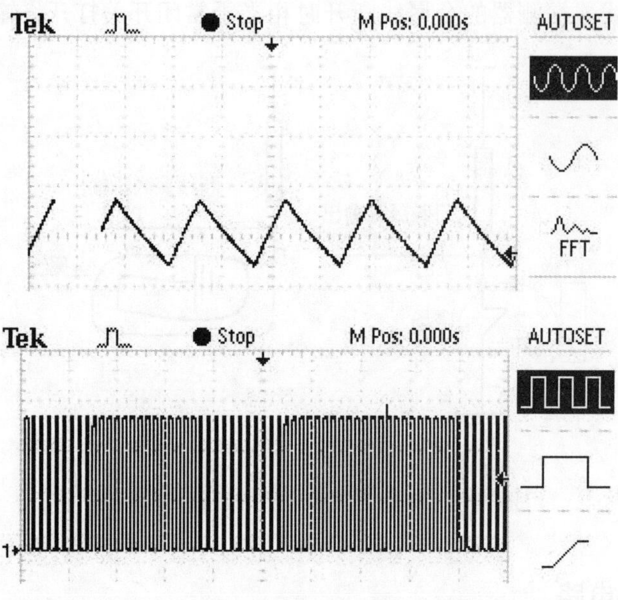

图 4-17　报警电路波形图

其中上部波形为充电电容器 C3 的端电压，下部波形为输出到扬声器的电压波形。IC1、IC2 的复位端由单片机 I/O 口控制芯片控制，是否能产生振荡，一旦启振，扬声器发出警笛的鸣响，对犯罪分子极具威慑作用。

4.4.3　安防报警器与单片机接口电路

安防报警器要求能够灵敏可靠工作，一旦有人入侵布防区域立即启动声光报警电路及时通知保安或惊醒居民，同时可吓阻犯罪分子的侵入。为此，将警情探测电路接入单片机的外部中断输入端由硬件电路实现警情识别，将启动报警的子任务作为中断服务子程序。由于报警器设置了 4 路探测信号输入，且都是高电平信号报警，因此通过 7425 双路 4 输入或非门将报警信号送入 $\overline{\text{INT0}}$，同时将 4 路信号接入普通 I/O 口 P1.0～P1.3 用于扩展防区显示电路，限于篇幅本任务略去。单片机 I/O 口 P2.0 驱动的 LED 灯用于指示防区平安和系统正常工作。另外，设置系统工作开关，其输出接入 P3.6，当开关接通时 P3.6 变为低电平系统开始工作，开关断开时，系统停止工作，并且可用作为警报解除开关。接口电路如图 4-18 所示。

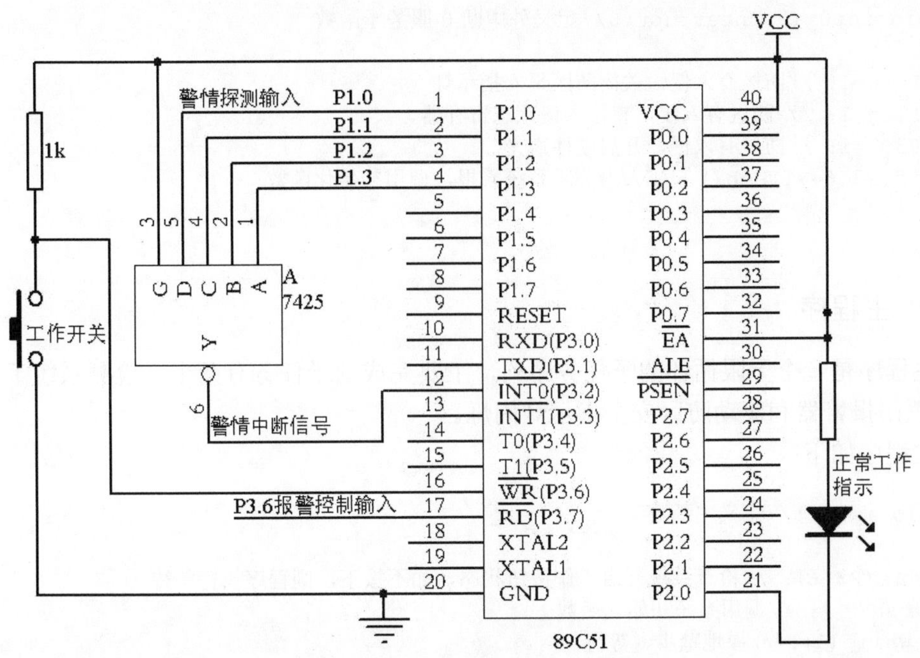

图 4-18　安防探测、报警电路与单片机接口

4.5　如何设计安防报警程序

4.5.1　系统初始化及中断服务程序

由于警情探测电路无入侵情况下均是输出低电平，有入侵时输出高电平，并且警情中断信号（低电平）不能自行消除，所以外部中断 0 设置为脉冲下降沿触发方式。另外以寄存器变量 flag 用于记录平安与入侵状态，“0”表示平安，“1”表示入侵报警状态。

初始化程序如下：

```
void csh( ) //定义系统初始化函数，空函数且无传递参量
{
IT0=1; //设置外部中断 0 下降沿触发
EX0 =1; //允许外部中断 0 开放
EA=1; // 允许总中断开放
IP0=1; // 设置外部中断 0 高优先级
P2^0=0; //点亮系统工作/防区安全指示灯
P3^7=0; //系统初始阶段，关闭硬件声光警报
flag=0; //系统初始化阶段，先清零入侵状态寄存器，为“0”
}
```

当检测到防区入侵后进行报警，中断服务子程序需完成置位入侵标志位、启动报警电路和关闭平安指示 LED 灯，程序如下。

```
void int0_() interrupt 0//定义外中断 0 服务子函数
{
  P2^0=1; //防区有入侵，关闭防区平安指示灯
  flag=1; // 防区有入侵，置位入侵状态寄存器
  P3^7=1; //防区有入侵，开启硬件声光
  if(P3^6==1)csh(); //人为关闭系统警报，调用初始化函数
}
```

4.5.2 主程序

主程序是一个无限循环的子任务序列，主要完成的子任务有两个：检测系统工作状态启动/关闭报警器和驱动防区安全指示灯闪烁。

主程序如下：

```
void main()//定义主函数
{
while(P3^6); //检查系统开启工作按钮状态，如不按下，则程序执行等待
   csh( ); //调用系统初始化函数
   while(1); //原地踏步、等待
}
```

4.5.3 程序清单列表

```
#include <reg51.h>//包含 51 单片机头文件
bit flag;//定义位变量 flag
void csh ( ) //定义系统初始化函数，空函数且无传递参量
{
IT0=1; //设置外部中断 0 下降沿触发
EX0 =1; //允许外部中断 0 开放
EA=1; //允许总中断开放
IP0=1; //设置外部中断 0 高优先级
P2^0=0; //点亮系统工作/防区安全指示灯
P3^7=0; //系统初始阶段，关闭硬件声光警报
flag=0; //系统初始化阶段，先清零入侵状态寄存器，为“0”
}

  void main()//定义主函数
{
while(P3^6);//检查系统开启工作按钮状态，如不按下，则程序执行等待
   csh( ); //调用系统初始化函数
   while(1);//原地踏步、等待
}
void int0_() interrupt 0//定义外中断 0 服务子函数，实现声光报警功能
{
  P2^0=1;//防区有入侵，关闭防区平安指示灯
  flag=1;// 防区有入侵，置位入侵状态寄存器
  P3^7=1; //防区有入侵，开启硬件声光警报
```

```
  if(P3^6==1)csh();//人为关闭系统警报，调用初始化函数
}
//程序结束
```

系统程序设计总流程图，如图 4-19 所示。

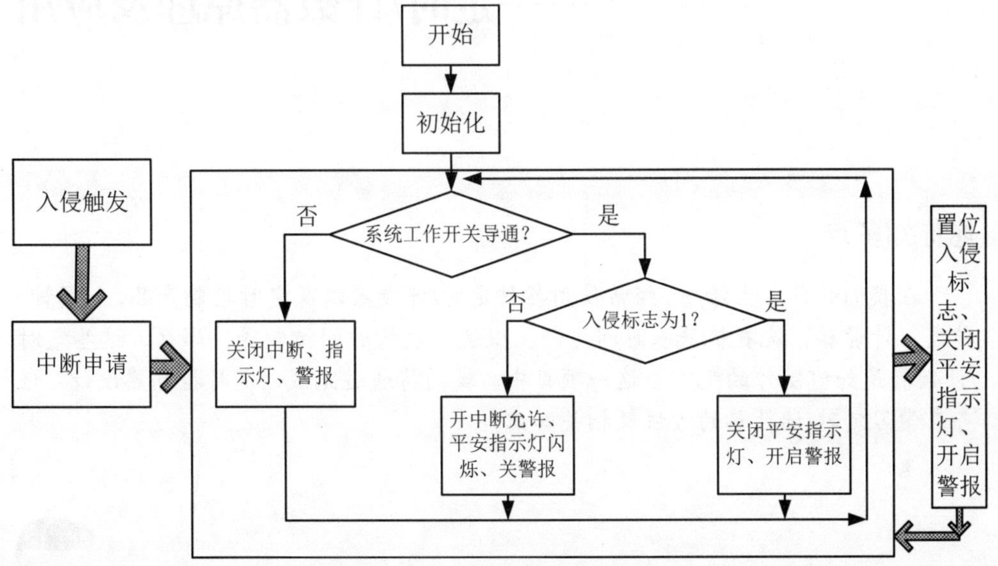

图 4-19　安防报警器程序流程图

制作安防报警器之前，首先了解 555、7425、LHI958、BIS0001 等器件的内部结构及一些管脚排序，对整个电路有一个完整的理解，可分为几个模块独立完成测试，通过后再进行整机联调。

考考你自己

（1）　请简述中断的概念。

（2）　按下列要求分别设置相关控制位：

① INT0 为边沿触发方式；

② INT1 为电平触发方式。

（3）　根据下列已知条件，试求中断开关状态：

① IE=93H；

② IE=84H；

③ IE=92H；

④ IE=17H。

（4）　安全防范系统有哪些类型的探测器？

项目五　定时控制器的设计
——定时/计数器原理及应用

愿你知多点

在我们的日常生活中，经常使用各种定时/计数器以及定时控制产品，如闹钟、秒表、计费器、洗衣机洗衣时间控制、微波炉烧烤时间控制等，那么，这些定时/计数器是如何制作的呢？在这一项目中，我们将通过完成“定时控制器设计”任务来学习定时/计数器的方法及相关知识。

教学目的

掌握：定时器控制器的设计方法。
理解：单片机定时器/计数器的编程方法。
了解：定时/计数器的结构。

5.1　能力培养

本项目通过完成“定时控制器”任务，可以培养读者以下能力：

（1） 能正确计算定时时间；
（2） 能正确设计单片机计数器；
（3） 能正确设计单片机定时控制器。

5.2　任务分析

要完成此项任务，需要掌握以下两方面知识：

（1）　如何使用定时/计数器；

（2）　如何设计定时控制器。

下面将从这两方面进行学习。

5.3　如何使用定时/计数器

5.3.1　定时/计数器的结构

定时器/计数器的结构图如图 5-1 所示。

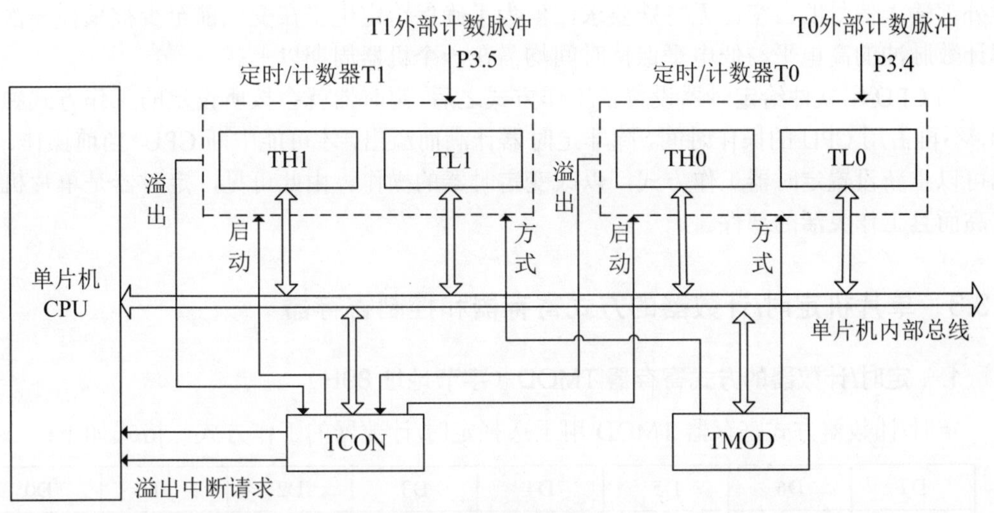

图 5-1　定时/计数器的结构图

从图 5-1 中可以看出，每个 16 位定时/计数器分别由两个 8 位专用寄存器组成，即 T0 由 TH0 和 TL0 构成，T1 由 TH1 和 TL1 构成。另外，定时/计数器内部还有一个 8 位的定时器方式寄存器 TMOD 和一个 8 位的定时控制寄存器 TCON，这些寄存器之间是通过内部总线和控制逻辑电路连接起来的。TMOD 主要是用于选择定时器的工作方式，TCON 主要是用于控制定时器的启动停止，此外 TCON 还可以保存 T0、T1 的溢出和中断标志。

定时/计数器可以工作在定时方式，也可以工作在计数方式，其中，对内部脉冲进行计数称为定时，对外部脉冲进行计数称为计数，当定时器工作在计数方式时，外部事件通过引脚 T0（P3.4）和 T1（P3.5）输入。

5.3.2 定时/计数器的结构与工作原理

当定时器/计数器工作在定时方式时，它对机器周期进行计数，每过一个机器周期，计数器加1，直至计数值满、溢出为止。由于一个机器周期等于12个振荡周期，所以计数频率f_{count}=1/12f_{osc}。如果晶振为12MHz，则计数周期为：

$$T=1/（12\times10^{6}）\text{Hz}\times1/12=1\mu\text{s}$$

这是最短的定时时间。若要延长定时时间，则需要改变定时器的初值，并要适当去选择定时器的长度（如8位、13位、16位等）。

当定时器/计数器为计数工作方式时，通过引脚P3.4（T0）和P3.5（T1）对外部信号计数。计数器在每个机器周期的S5P2期间采样引脚输入电平。若前一个机器周期采样值为1，下一个机器周期采样值为0，则计数器加1。此后的机器周期S3P1期间，新的计数值装入计数器。所以检测一个由1至0的跳变需要两个机器周期，故外部计数的最高计数频率为振荡频率的1/24。例如，如果选用12MHz晶振，则最高计数频率为0.5MHz。虽然对外部输入信号的占空比无特殊要求，但为了确保给定电平在变化前至少被采样一次，外部计数脉冲的高电平与低电平保持时间均需在一个机器周期以上。

当CPU用软件给定时器设置了工作方式之后，定时器就会按所设定的工作方式独立运行，不再占用CPU的操作时间，除非定时器计满而溢出，才可能中断CPU 当前操作。CPU也可以重新设置定时器工作方式，以改变定时器的操作。由此可见，定时器是单片机中效率高而且工作灵活的部件。

5.3.3 单片机定时/计数器的方式寄存器和控制寄存器

1. 定时/计数器的方式寄存器TMOD（字节地址89H）

定时/计数器方式寄存器TMOD用于选择定时/计数器的工作方式，格式如下：

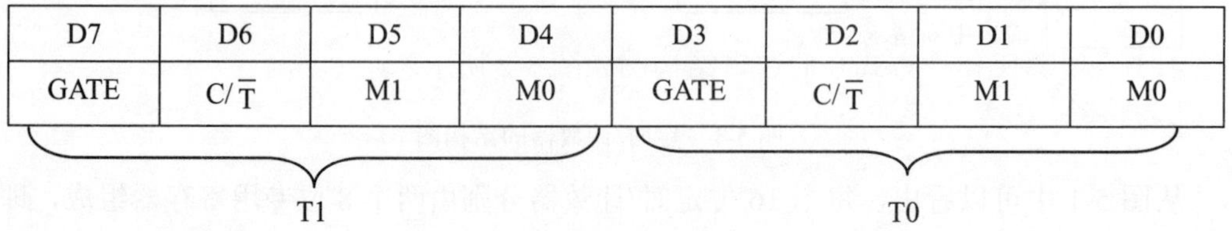

D7	D6	D5	D4	D3	D2	D1	D0
GATE	$C/\overline{T}$	M1	M0	GATE	$C/\overline{T}$	M1	M0

TMOD被分成两部分，每部分4位，分别用于控制T1和T0。

（1） GATE：门控位。当GATE=0时，只要用软件使TCON中的TR0或TR1置1，就可以启动定时/计数器；当GATE=1时，不但要用软件使TCON中的TR0或TR1置1，还要外部中断引脚$\overline{INT0}$或$\overline{INT1}$为高电平，才能启动定时/计数器。

（2） $C/\overline{T}$：定时/计数器功能选择。当$C/\overline{T}$=0时，定时/计数器工作在定时状态；当$C/\overline{T}$=1时，定时/计数器工作在计数状态。

（3） M1、M0：定时/计数器工作方式选择，T0、T1 各有四种工作方式，具体如表5-1所示。

表 5-1　定时/计数器工作方式选择

M1、M0	工作方式	功能说明
0　0	方式 0	13 位定时/计数器
0　1	方式 1	16 位定时/计数器
1　0	方式 2	8 位自动重装初值定时/计数器
1　1	方式 3	T0 分为两个独立的 8 位定时/计数器；T1 在该方式下停止计数

2. 定时/计数器的控制寄存器 TCON（字节地址 88H）

定时/计数器控制寄存器 TCON 主要用于控制定时/计数器的启动，格式如下：

D7	D6	D5	D4	D3	D2	D1	D0
TF1	TR1	TF0	TR0				

（D7～D4：与定时/计数有关；D3～D0：与中断有关）

（1） TR0：定时/计数 T0 的启动控制位。当 TR0=1 时，启动 T0 定时（或计数）；当 TR0=0 时，T0 停止工作。

（2） TF0：定时/计数 T0 的溢出标志。当定时/计数 T0 计数产生溢出时，由硬件自动将 TF0 置 1，CPU 响应中断后，由硬件自动将 TF0 清 0。

（3） TR1：定时/计数 T1 的启动控制位。含义与 TR0 类似。

（4） TF1：定时/计数 T1 的溢出标志。含义与 TF0 类似。

5.3.4　定时/计数器的工作方式

定时/计数器 T0 有四种工作方式，T1 有三种工作方式（无工作方式 3），由于 T1 和 T0 的前三种工作方式基本相同，现以 T0 为例，介绍定时/计数器的工作方式。

1. 工作方式 0

定时/计时器工作于方式 0 的逻辑结构图如图 5-2 所示。

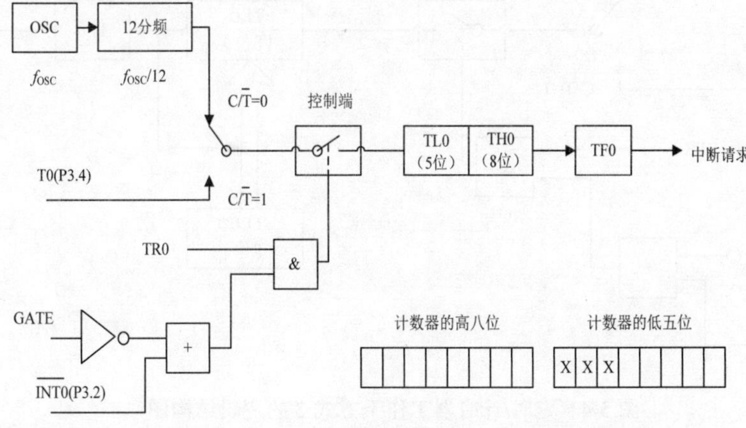

图 5-2　定时/计时器工作于方式 0 的逻辑结构图

定时/计数器的工作方式 0 也称为 13 位定时/计数器方式。它由 TL（0/1）的低 5 位和 TH（0/1）的 8 位构成，TL（0/1）的高 3 位未使用。

2. 工作方式 1

定时/计时器工作于方式 1 的逻辑结构图如图 5-3 所示。

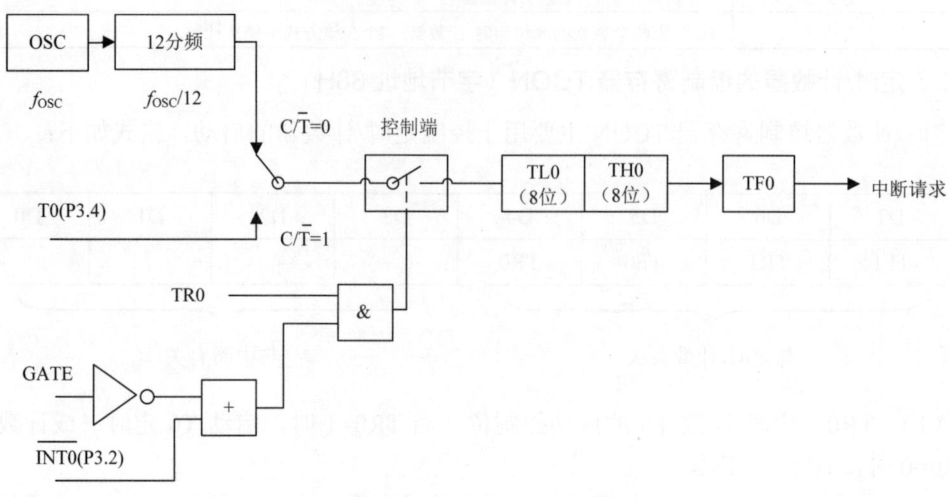

图 5-3　定时/计时器工作于方式 1 的逻辑结构图

工作方式 1 是一个 16 位的定时/计数器，它由低 8 位的 TL（0/1）和高 8 位的 TH（0/1）构成。

3. 工作方式 2

定时/计时器工作于方式 2 的逻辑结构图如图 5-4 所示。

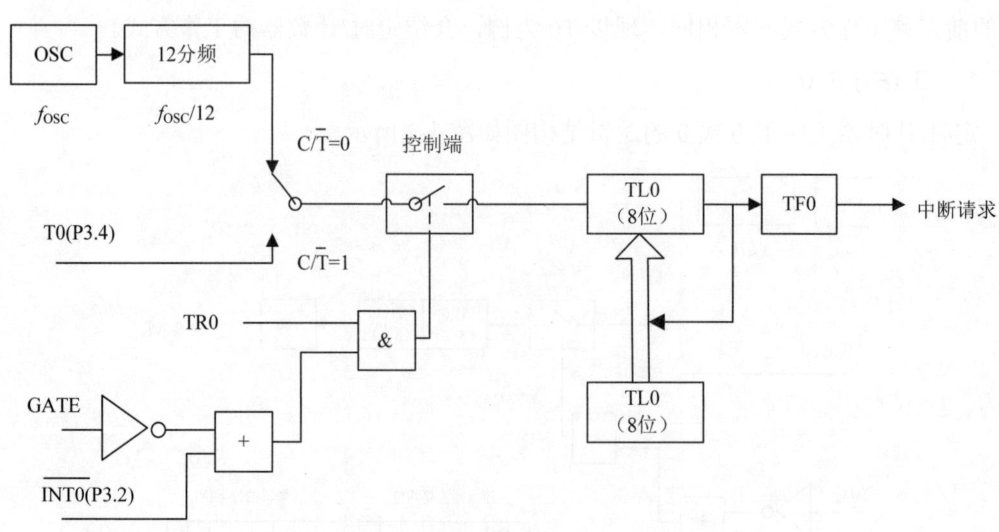

图 5-4　定时/计时器工作于方式 2 的逻辑结构图

工作方式 2 为 8 位自动重装初值的定时/计数器。在工作方式 2 中，只有低 8 位参与计数，高 8 位不参与计数，用作预置数的存放。每当计数溢出时，单片机就会打开 T0（或 T1）高、低 8 位之间的开关，预置数就进入到低 8 位。通常，工作方式 2 用于波特率发生器。

4. 工作方式 3

定时/计时器工作于方式 3 的逻辑结构图（TL0 的逻辑结构图）如图 5-5 所示。

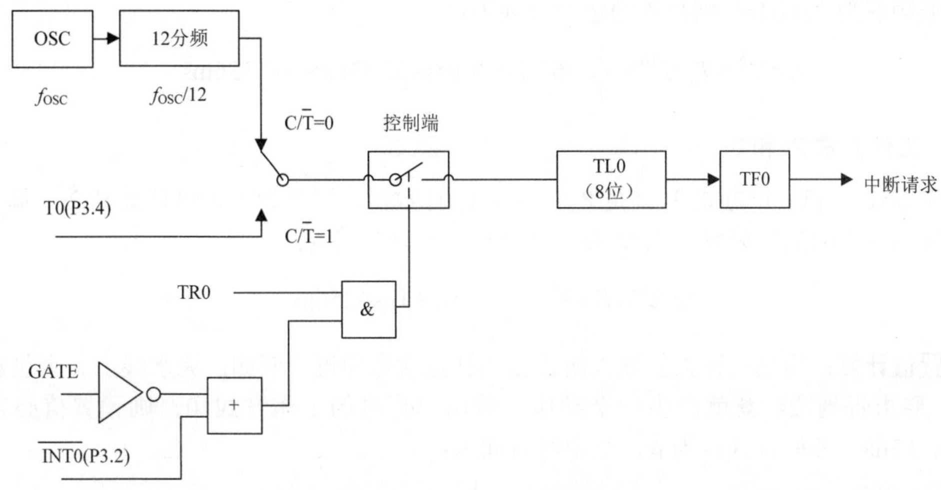

图 5-5　定时/计时器工作于方式 3 的逻辑结构图（TL0 的逻辑结构图）

定时/计时器工作于方式 3 的逻辑结构图（TH0 的逻辑结构图）如图 5-6 所示。

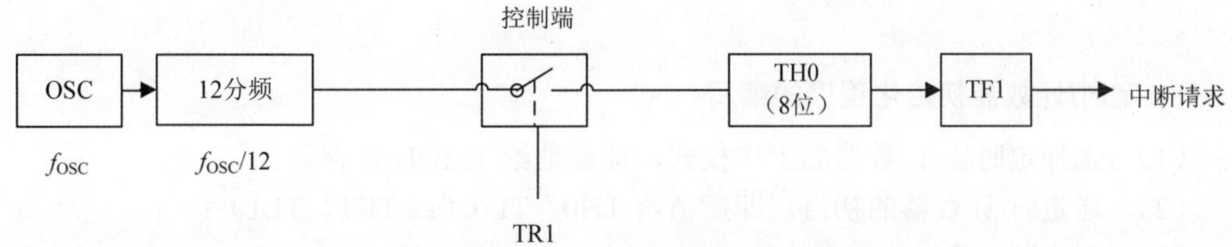

图 5-6　定时/计时器工作于方式 3 的逻辑结构图（TH0 的逻辑结构图）

在这种工作方式下，T0 被拆分成 2 个独立的定时/计数器。其中，TL0 可以构成 8 位的定时器或计数器工作方式，TH0 只能作为定时器用，因为定时/计数器使用时需要控制，溢出时需要有溢出标记，T0 被分成两个来用，那就要两套控制及溢出标记，在方式 3 中，TL0 还是用原来的 T0 标记，TH0 则借用 T1 的标记，这样，T1 就没有了标志。一般情况下，只要 T0 工作在方式 3，T1 一般工作在方式 2，做串行口波特率发生器。

5.3.5 定时器/计数器的定时/计数范围

1. 工作方式 0

工作方式 0 为 13 位的定时/计数器工作方式，因此，最多可以计数到 2^{13}，即 8192 次。

如果单片机的晶振频率为 12MHz，则最长的定时时间为：

$$t_d=2^{13}\times T_0=2^{13}\times \frac{1}{f}=8192\times 1\mu s=8192\mu s$$

2. 工作方式 1

工作方式为 16 位的定时/计数器，因此，最多可以计数到 2^{16}，即 65 536 次。如果单片机的晶振频率为 12MHz，则最长的定时时间为：

$$t_d=2^{16}\times T_0=2^{16}\times \frac{1}{f}=65\,536\times 1\mu s=65\,536\mu S=65.536ms$$

3. 工作方式 2 和 3

工作方式 2 和工作方式 3 都是 8 位的定时/计数器，因此最多可以计数到 2^8，即 256 次。如果单片机的晶振频率为 12MHz，则最长的定时时间为：

$$t_d=2^{8}\times T_0=2^{8}\times \frac{1}{f}=256\times 1\mu s=256\mu s$$

预置值计算：用最大计数值减去所需要的计数次数即可。例如：流水线上一个包装是 24 盒，要求每到 24 盒就产生一个动作，若用单片机的工作方式 0，则预置值必须为 8192−24=8168。即假设预置为 N，则定时时间为：

$$t_d=(2^{13}-N)\times T_0=(2^{13}-N)\times \frac{1}{f}=(8192-8168)\times 1\mu s=24\mu s$$

5.4 如何设计定时控制器

1. 定时/计数器初始化程序的编写

（1） 选择定时器/计数器的工作模式，即赋值给 TMOD 寄存器；

（2） 送定时/计数器的初值，即赋值给 TH0、TL0（或 TH1、TL1）；

（3） 开中断，启动定时器中断；

（4） 启动定时/计数器，将 TR0 或 TR1 置 1。

2. 定时方波控制器

例如，要用定时器实现在单片机 P1.0 口输出一个周期为 2s 的方波，我们采用定时器 0 的工作方式 1，则可以得到最大的定时时间 65 536×1=65 536μs，如果我们定时 0.05s，即 50ms（50 000μs），则设置如下：

工作方式：TMOD=00000001B=0×01，工作方式 1 为 16 位计数定时模式；

时间初值为：65 536−50 000=15 536=0×3CB0；所以：TH0=0×3C，TL0=0×B0；

也可以用计算公式表达为：

TH0=(65536−50000)/256；//高 8 位取整

TL0=(65536−50000)%256；//低 8 位取余

1. 程序设计流程图

程序设计流程图如图 5-7 所示。

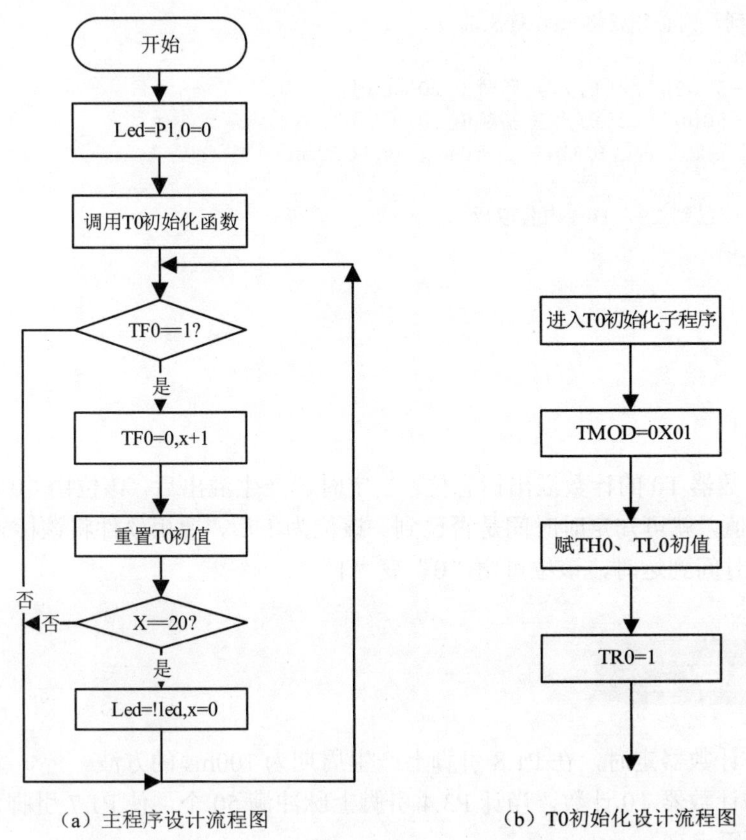

（a）主程序设计流程图　　（b）T0初始化设计流程图

图 5-7 程序设计流程图

2. 具体程序设计

```
#include <reg51.h>
sbit led=P1^0;//定义位变量 led 代表 P1.0 口线
unsigned char x;//定义无符号字符型全局变量 x,代表累加变量
void time0()//定义定时器 T0 初始化函数
{
 TMOD=0X01;//定时器工作方式 1（为 16 位定时计数方式）
 TH0=(65536-50000)/256;//50mS 定时，赋值高 8 位初值
 TL0=(65536-50000)%256;//50mS 定时，赋值低 8 位初值
 TR0=1;//启动定时器 T0，启动定时器 T0 开始计数
}
void main()//定义主函数
{
 led=0;//P1.0 口线，输出低电平
 time0();//调用定时器初始化函数
```

```
  while(1)//循环
  {
   if(TF0==1)//查询 T0 溢出标志位，TF0 是否为 1？（即已到达 50ms 定时）
   {
    TF0=0;//已到，则必须要将 TF0 标志清 0
    x++;//x 累加 1
    TH0=(65536-50000)/256;//重新赋值 T0 高 8 位
    TL0=(65536-50000)%256;//重新赋值 T0 低 8 位
    if(x==20)//判断是否已到 1s（1s=50ms*20=1000ms）
    {
     led=!led;//已到 1S，led 内容取反
     x=0;//x 清 0
    }
   }
  }
}
//程序结束
```

TF0 是定时/计数器 T0 的计数溢出标志位，当定时器产生溢出后，该位由“0”变“1”，所以查询该位状态值，就可知定时时间是否已到。该位为 1 后，要用软件将该标志位清 0，以便下一次定时的时间到达时，该位可由“0”变“1”。

考考你自己

（1） 用定时/计数器定时，在 P1.8 引脚上产生周期为 100ms 的方波。

（2） 用定时/计数器 T0 计数，当计 P3.4 引脚上脉冲满 50 个，使 P1.7 引脚上控制的 LED 灯点亮（低电平点亮）。

项目六　一位数码显示器设计

——数码管静态显示

愿你知多点

在日常生活中，我们经常使用各种显示器，例如交通灯时间显示器、数字温度计显示屏、压力表显示屏等，那么，这些显示器是如何制作的呢？在这一项目中，我们将通过完成“一位数码显示器设计”任务来学习制作 LED 显示器的方法及相关知识。

数码管应用实例如图 6-1 所示。

图 6-1　数码管应用实例

教学目的

掌握：数码管静态显示接口电路设计方法。
理解：查表指令的应用；静态显示程序设计方法。
了解：数码管的内部结构。

6.1 能力培养

本项目通过完成“一位数码显示器设计”任务，可以培养读者以下能力：

（1） 能识别数码管的类型和引脚；

（2） 能正确使用数码管；

（3） 能制作 9S 计数器。

6.2 任务分析

要完成此项任务，需要掌握以下三方面知识：

（1） 如何使用数码管；

（2） 如何设计数码管与单片机接口电路；

（3） 如何设计数码管显示程序。

下面将从这三方面进行学习。

6.3 如何使用数码管

6.3.1 数码管的内部结构

从图 6-2 中可以看出，数码管共有 10 只引脚，其中 8 只引脚分别为 a、b、c、d、e、f、g、dp，即 8 个笔画，另外两只引脚（即第③脚和第⑧脚）为数码管的公共端，公共端在数码管内部是相互连通的，如图 6-3 所示。

图 6-2 数码管实物

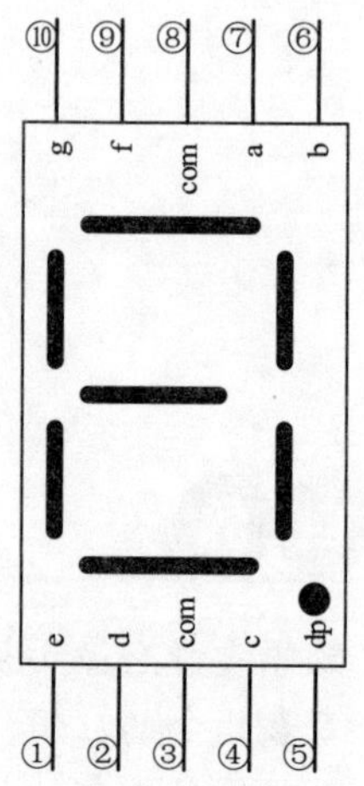

图 6-3 数码管引脚排列

数码管管脚顺序：在图 6-2 中，从数码管的正面看，以左下侧第一脚为起点，按逆时针方向排序，引脚分别为：①-e，②-d，③-com，④-c，⑤-dp，⑥-b，⑦-a，⑧-com，⑨-f，⑩-g，如图 6-3 所示。

6.3.2　数码管的类型

数码管根据公共端的连接方式，可以分为共阴数码管和共阳数码管两种。共阴数码管的特点是将 8 只发光二极管的负极接在一起，如图 6-4（a）所示，而共阳数码管则是将 8 只发光二极管的正极接在一起，如图 6-4（b）所示。

下面，将以共阳数码管为例，介绍数码管的使用方法。

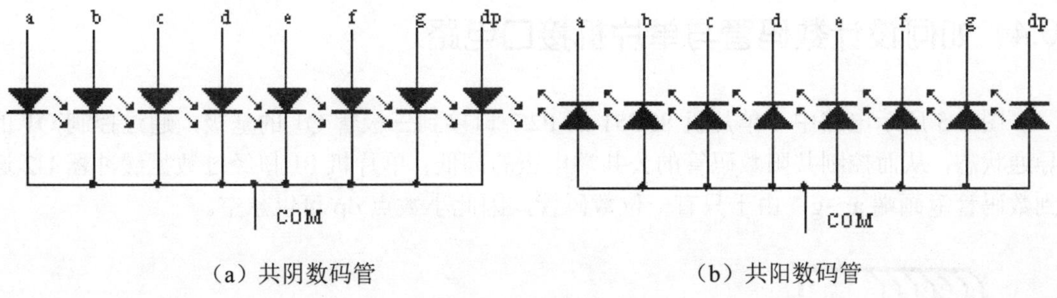

（a）共阴数码管　　（b）共阳数码管

图 6-4　数码管类型

将共阳数码管的公共端 COM（即发光二极管的正极）接高电平，然后根据需要显示的数字，在相应的笔画端（即发光二极管的负极）接上低电平，点亮所需要的笔画。例如，要显示数字“3”，则在 a、b、c、d、g 端加低电平，那么，a、b、c、d、g 共 5 个笔画点亮，其余端加高电平，不显示，以此类推，见表 6-1 所示。

表 6-1　8 段 LED 数码管显示字符与笔画编码对应表

字　符	字　形	共阳数码管		共阴数码管	
		dp g f e d c b a	笔画编码	dp g f e d c b a	笔画编码
0		1 1 0 0 0 0 0 0	C0H	0 0 1 1 1 1 1 1	3FH
1		1 1 1 1 1 0 0 1	F9H	0 0 0 0 0 1 1 0	06H
2		1 0 1 0 0 1 0 0	A4H	0 1 0 1 1 0 1 1	5BH
3		1 0 1 1 0 0 0 0	B0H	0 1 0 0 1 1 1 1	4FH
4		1 0 0 1 1 0 0 1	99H	0 1 1 0 0 1 1 0	66H
5		1 0 0 1 0 0 1 0	92H	0 1 1 0 1 1 0 1	6DH

（续表）

字　符	字　形	共阳数码管		共阴数码管	
		dp g f e d c b a	笔画编码	dp g f e d c b a	笔画编码
6		1 0 0 0 0 0 1 0	82H	0 1 1 1 1 1 0 1	7DH
7		1 1 1 1 1 0 0 0	F8H	0 0 0 0 0 1 1 1	07H
8		1 0 0 0 0 0 0 0	80H	0 1 1 1 1 1 1 1	7FH
9		1 0 0 1 0 0 0 0	90H	0 1 1 0 1 1 1 1	6FH
不显示		1 1 1 1 1 1 1 1	FFH	0 0 0 0 0 0 0 0	00H

6.4　如何设计数码管与单片机接口电路

图 6-5 所示电路中，单片机 89C51 的 P2.7 口接到三极管 Q1 的基极，通过控制 Q1 的导通状态，从而控制共阳数码管的公共端电压的高低；单片机 P1 口经过数据缓冲器 U2 送到数码管笔画端 a～g，由于只有一位数码管，因此小数点 dp 可以悬空。

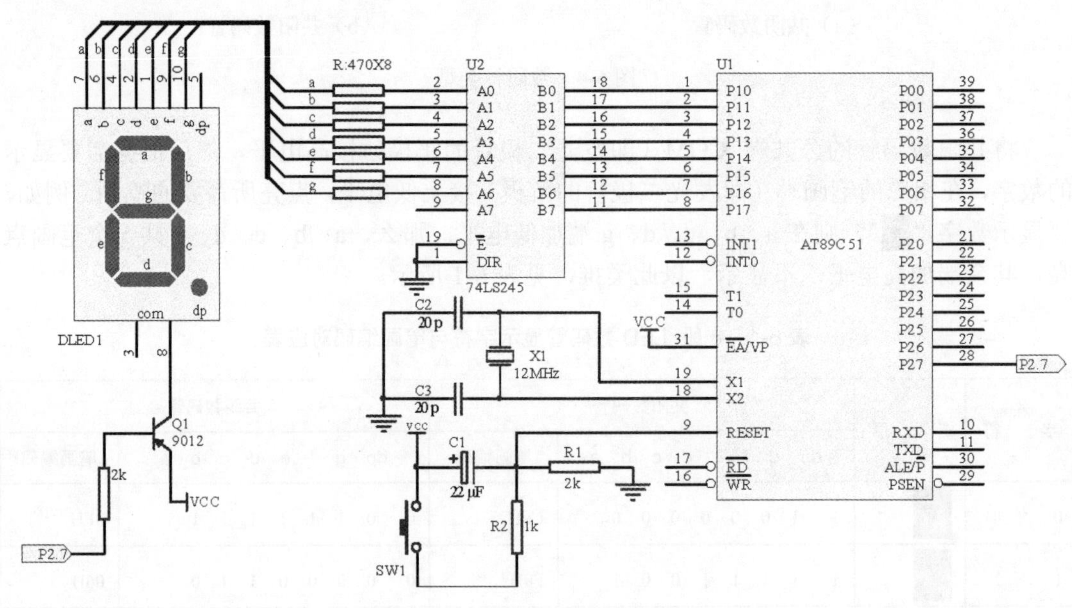

图 6-5　数码管与单片机接口电路

这种显示电路的特点是：数码管公共端恒定地保持有效电平（共阳极为高电平，共阴极为低电平），数码管一直处显示状态，我们称此种显示方式为静态显示。

6.5　如何设计数码管显示程序

6.5.1　显示日期的个位数字

要固定显示某一个数字（即日期的个位数字），只要数码管公共端固定保持高电平，同时 P1 口输出对应字符编码即可。

例如：假设日期的个位数为“6”，则显示程序清单如下：

```
void main(void)
{
        P2^7=0;             //P2.7 输出低电平，则共阳数码管公共端为高电平
        P1=0x82;            //将字符编码 0x82 输出到 P1 口，即共阳数码管显示“6”
        while(1);           //程序在此一直循环执行
}
```

6.5.2　9S 计数器

9S 计数器需要在上一个任务的基础上做两点修改：首先，增加定时子程序，每隔 1s 更新显示内容；其次，随着计数值的变化，需要修改显示内容，实现实时计数。下面将具体介绍这两方面知识。

1.　如何定时

根据以前所学知识，可以采用软件延时和定时器/计数器两种方式进行定时。软件延时方法定时，程序简单，但占用单片机运行时间，效率低；定时器/计数器定时，程序复杂，但不占用单片机运行时间，效率高。为简化程序，本任务采用软件延时方法（具体见项目二）。

2.　如何改变显示内容

（1）　判断显示法。

由于显示内容不断变化，如果采用前面基本任务的程序设计方法，则需要事先判断显示内容，然后将相应的字符编码输出到 P1 口，这种编程思路要求显示内容有多少种可能性，就需要判断多少次，如图 6-6 所示（假设要显示内容预先存放在寄存器 R7 中）。

（2）　查表显示法。

从图 6-6 中可知，判断法编程需逐步搜索、比较判断出显示内容，当显示内容变化较多时，程序设计将变得复杂，执行效率较低。

那么，如何设计程序才更简单呢？我们可以采用查表法设计程序。

由于显示的内容与笔画编码之间存在一一对应的关系，如“1”的编码为“F9H”，“2”的编码为“A4H”，这样我们可以将所有数字笔画码按序存放在程序存储器 ROM 中，然后利用显示内容去查表，取出对应的笔画编码。

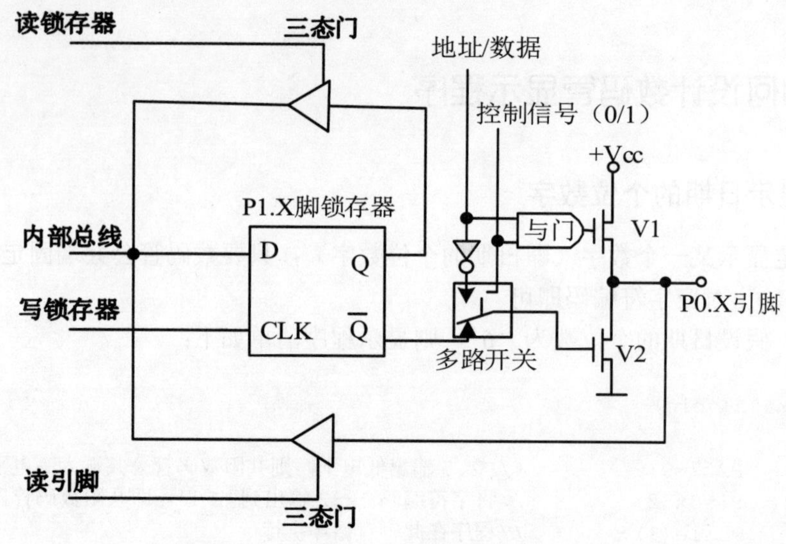

图 6-6　判断法显示子程序流程图

通过以上分析，显示程序思路大致如下：首先进行程序初始化，对计数初值清零，通过置位 P2.7，使显示个位数的数码管公共端保持为高电平；然后根据计数值，通过查表指令取出对应的笔画码进行显示；接着延时 1s，然后将计数值加 1，并对计数值进行判断，如果为 10，则将计数值清零，重新计数显示。该程序流程图如图 6-7 所示。

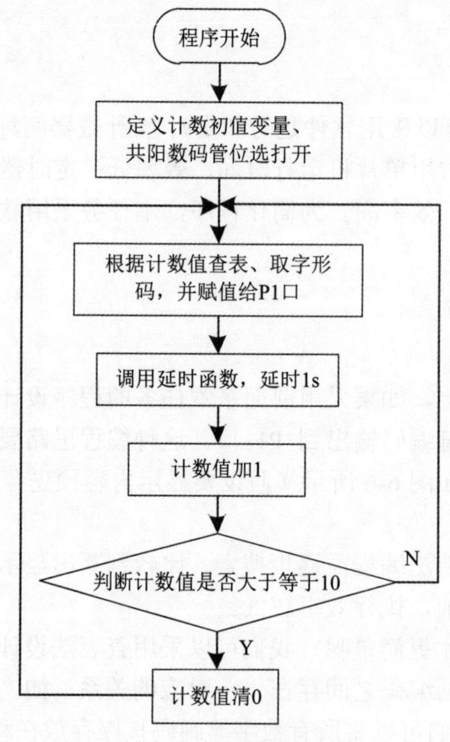

图 6-7　查表法显示程序流程图

3. 如何设计 9S 计数器程序

```
#include <reg51.h>                //51 系列单片机头文件
#define  uchar  unsigned char     //宏定义，将 unsigned char 定义为 uchar
#define  uint  unsigned int       //宏定义，将 unsigned int 定义为 uint
sbit  smg_com = P2^7;
//定义数码管的位选端，即定义 smg_com 为 P2 口的第 8 位，以便进行位操作
uchar  smg_data[10]={0xC0,0xF9,0xA4,0xB0,0x99,0x92,0x82,0xF8,0x80,0x90};
//共阳数码管段选编码
void delay_ms(uint xms);                   //x ms 延时函数
void main(void)
{
  uchar num=0;                   //申明 num 变量，用于计数
  smg_com=0;                     //P2^7 输出低电平，则共阳数码管公共端为高电平
  while(1)
  {
    P1=smg_data[num];                //P1 输出共阳数码管数据
    delay_ms(1000);              //大约延时 1s  1000ms=1s
    if(++num>=10) num=0;         //判断 num 是否大于 10
  }
}
//x ms 延时函数
void delay_ms(uint xms)
{
  uint i,j;
  for(i=xms;i>0;i--)
  for(j=110;j>0;j--);
}
```

考考你自己

（1） 请简述 8 段 LED 数码管的内部结构。

（2） 共阴数码管与共阳数码管有何区别?

（3） 软件延时与定时器/计数器定时各有什么优缺点?

（4） 若延时时间为 0.5s，如何修改程序？

（5） 要显示 0～5，如何修改程序？

项目七　学号显示器设计

——数码管动态显示

愿你知多点

在项目六中，我们已学习了数码管的基本使用，但在我们的日常生活中，通常要显示的数据不止一位，那么，多位显示器是如何制作的呢？在这一项目中，我们将通过完成“学号显示器设计”任务来学习数码管动态显示器的制作方法及相关知识。

教学目的

掌握：数码管动态显示接口电路设计方法。
理解：动态显示程序设计方法。
了解：数码管动态显示原理。

7.1　能力培养

本项目通过完成“学号显示器设计”任务，可以培养读者以下能力：

（1） 能正确连接动态显示器电路；
（2） 能正确编写动态显示器程序。

7.2　任务分析

要完成此项任务，需要掌握以下三方面知识。

（1）数码管动态显示原理；

（2）如何设计数码管与单片机动态显示接口电路；

（3）如何设计数码管动态显示程序。

下面将从这三方面进行学习。

7.3　数码管动态显示原理

在数码管静态显示器中，每位数码管要接 8 个 I/O 口，要显示多位数据时，需要更多的 I/O 端口，而单片机的 I/O 端口资源有限，为此，我们可以采用动态显示解决这一问题。

数码管动态显示其实就是多个数码管交替显示，它利用了人眼的视觉暂留特性，让人看到多个数码管好像同时显示。在编程时需要输出字段和字位信号，字位信号用于选中其中一位数码管，让后输出字段码，让该数码管显示所需要的内容，延时一段时间后，再选中另一个数码管，并输出对应的字段码，高速交替显示。例如显示数字“24”时，先输出字位信号，选中十位数码管，输出 2 的字段码，延时一段时间后选个位数码管，输出 4 的字段码。再以一定速度循环执行上述过程，就可以显示出“24”，由于交替的速度非常快，人眼看到的就是连续的“24”在动态显示程序中，各个位的延时时间长短是非常重要的，如果延时时间长，则会出现闪烁现象；如果延时时间太短，则会出现显示暗且有重影。

7.4　如何设计数码管与单片机动态显示接口电路

数码管与单片机动态接口电路如图 7-1 所示。其中 RP 为排组，DS0、DS1 为两个共阴数码管，Q1、Q2 为驱动三极管。

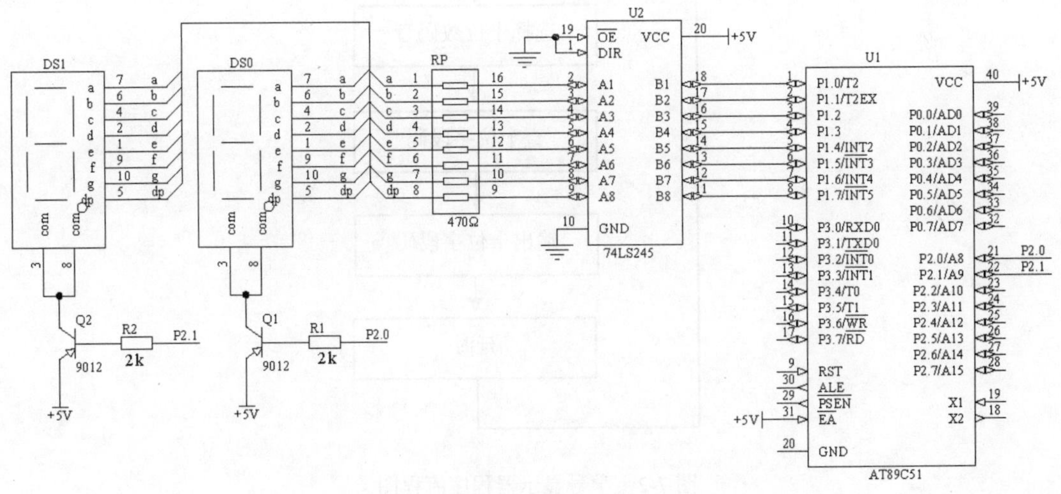

图 7-1　数码管与单片机动态接口电路

单片机 P1 口输出的字段码经 74LS245 驱动、RP 限流后分别加到数码管 DS0 和 DS1 的 a～dp 端，显示对应的字形；单片机 P2.0 和 P2.1 输出字位信号，控制对应数码管点亮。

7.5 如何设计数码管动态显示程序

7.5.1 学号显示器程序流程图

学号显示器程序流程图如图 7-2 所示。

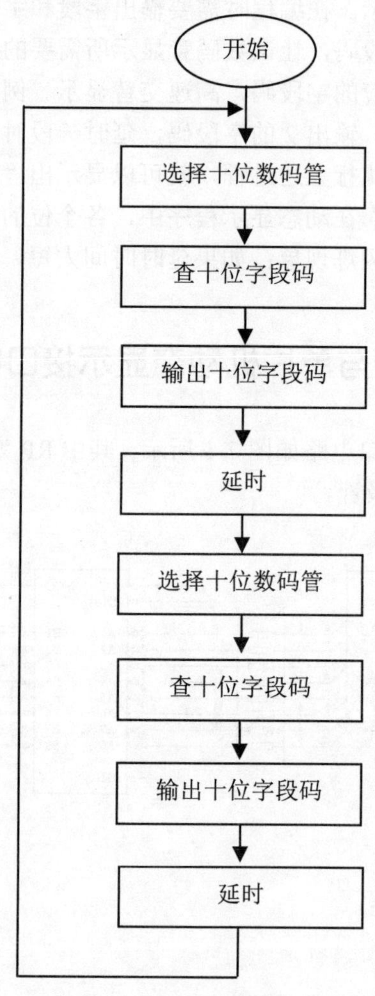

图 7-2 学号显示器程序流程图

7.5.2　学号显示器程序

若要显示的学号为24，则程序清单如下：

```
#include <reg51.h>                      //51系列单片机头文件
#define uchar unsigned char             //宏定义，将unsigned char定义为uchar
#define uint  unsigned int              //宏定义，将unsigned int定义为uint
sbit smg1 = P2^0;
//定义数码管1的位选端，即定义smg_com为P2口的第1位，以便进行位操作
sbit smg2 = P2^1;
//定义数码管2的位选端，即定义smg_com为P2口的第2位，以便进行位操作
uchar smg_data[10]={0xC0,0xF9,0xA4,0xB0,0x99,0x92,0x82,0xF8,0x80,0x90};
//共阳数码管段选编码
void delay_ms(uint xms);    //x ms延时函数
void main(void)
{
  while(1)
  {
    P1=0xff;                //数码管消影
    P1=smg_data[2];             //数码管显示'2'
    smg1=0;                     //打开十位数码管
    smg2=1;                     //关闭个位数码管
    delay_ms(5);            //延时大约5ms

    P1=0xff;                //数码管消影
    P1=smg_data[4];             //数码管显示'4'
    smg1=1;                     //关闭十位数码管
    smg2=0;                     //打开个位数码管
    delay_ms(5);            //延时大约5ms
  }
}
//x ms延时函数
void delay_ms(uint xms)
{
  uint i,j;
  for(i=xms;i>0;i--)
  for(j=110;j>0;j--);
}
```

以上程序中，需要注意的是数码管在动态扫描的过程中，每次送完段选数据后，在送入下一个段选数据之前需要加上一个消影的语句。如，P1=0xff。这是因为在刚送完段选数据后，P1口依然保持着原来的段选数据。如果不通过消影的语句加以清除，那么会影响到下一个数码管的显示。虽然这个过程很短暂，但数码管在动态的显示下，我们依然可以看见数码管出现混乱重影的现象。所以，在使用数码管时，添加消影的语句，固然重要。

考考你自己

（1） 学号显示电路中，Q0 和 Q1 有何作用？

（2） 请设计一个秒表。

（3） 动态显示程序中，延时子程序的延时时间太长，有何不良后果。

（4） 学号显示器程序中，若漏写关闭显示器程序，能否正常显示学号？

项目八　汉字显示设计

——LED 点阵显示

愿你知多点

在日常生活中，我们经常使用各种显示器，不只能显示数字、字符（前面还有项目介绍），还要能显示各种复杂的图案与汉字。例如各种广告屏，那么，这些显示器是如何设计制作的呢？在这一项目中，我们将通过完成“汉字显示设计”任务来学习制作 LED 点阵显示屏的方法及相关知识。

LED 点阵显示屏应用实例如图 8-1 所示。

图 8-1　LED 点阵显示屏应用实例

教学目的

掌握：LED 点阵显示接口电路设计方法。
理解：以扫描方式编写显示程序设计方法。
了解：LED 显示屏的结构。

8.1 能力培养

本项目通过完成“汉字显示设计”任务，可以培养读者以下能力：

（1） 能识别 LED 点阵显示屏；

（2） 能正确使用 LED 点阵显示屏；

（3） 能设计汉字显示屏。

8.2 任务分析

要完成此项任务，需要掌握以下三方面知识：

（1） 如何显示汉字；

（2） 如何设计汉字点阵显示电路；

（3） 如何设计汉字点阵显示程序。

下面将从这三方面进行学习。

8.3 如何显示汉字

8.3.1 汉字像素显示形式

计算机中显示汉字大部分是采用“点阵”的形式，通过 LED 点阵显示屏显示的。为在 8×8 LED 发光二极管点阵上显示汉字，首先要把汉字表示成为 8×8 像素点图。如图 8-2 所示为汉字“出”的 8×8 像素点图。

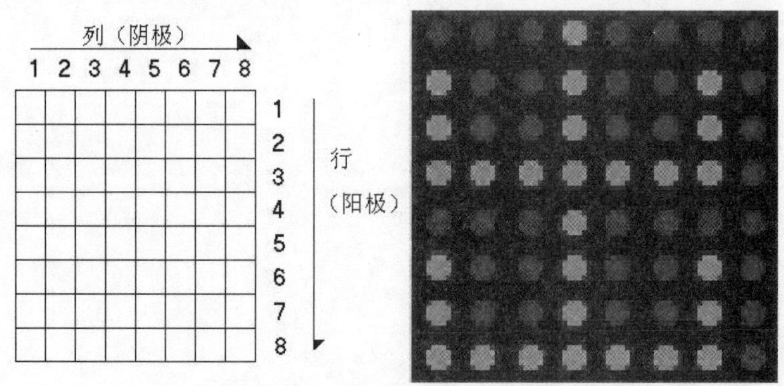

图 8-2　8×8 汉字像素点图

如果用“1”表示点亮的像素，“0”表示暗像素，则 8×8 的一个汉字可以用 8 个字节表示像素，称为该汉字的字模。“出”的字模为：

0x10,0x92,0x92,0xFE,0x10,0x92,0x92,0xFE

要在 LED 点阵显示器上显示汉字，只要按该汉字的字模点亮相应的像素点就行。

8.3.2　LED 点阵屏的内部结构

8×8 LED 点阵屏的实物图与内部结构如图 8-3 和图 8-4 所示。

图 8-3　8×8 LED 点阵屏实物图

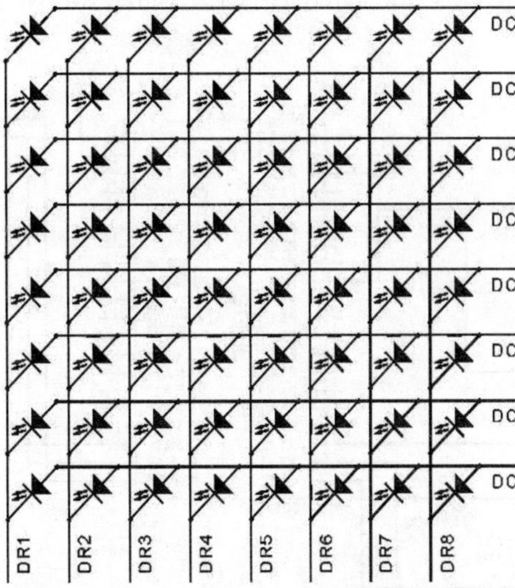

图 8-4　LED 点阵屏内部结构

从图 8-4 中可以看出，LED 点阵屏就是由发光二极管按行、列排列而成的。8X8 屏有 64 个 LED 管(点)。每 8 个管共阳极为一行，共阴极为一列。所以有 8 行 8 列。有 8X2 只引脚，其中 8 只引脚为行线，分别为 DC1(0)、DC2(1)、DC3(2)、DC4(3)、DC5(4)、DC6(5)、DC7(6)、DC8(7)，8 只引脚为列线，分别为 DR1(A)、DR2(B)、DR3(C)、DR4(D)、DR5(E)、DR6(F)、DR7(G)、DR8(H)。如图 8-5 所示。

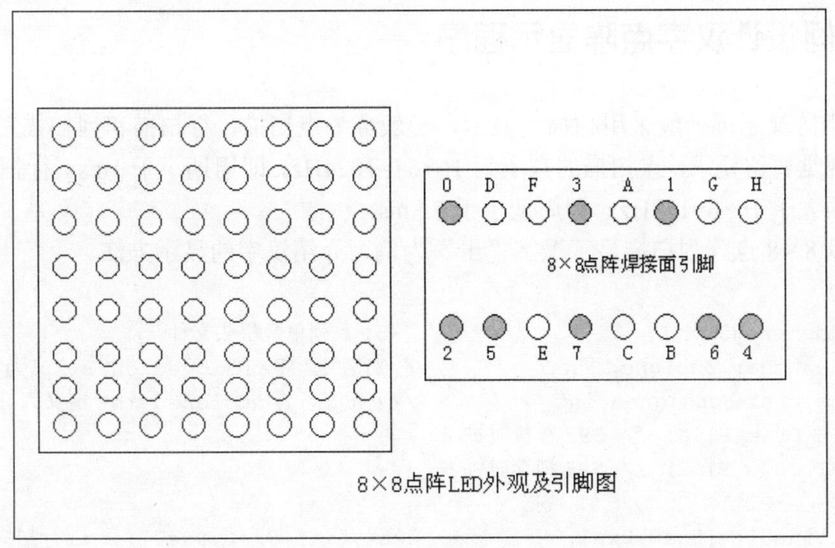

图 8-5　8×8 LED 点阵屏外观及引脚图

8.4　如何设计汉字点阵显示电路

8×8 点阵显示电路原理图如图 8-6 所示。

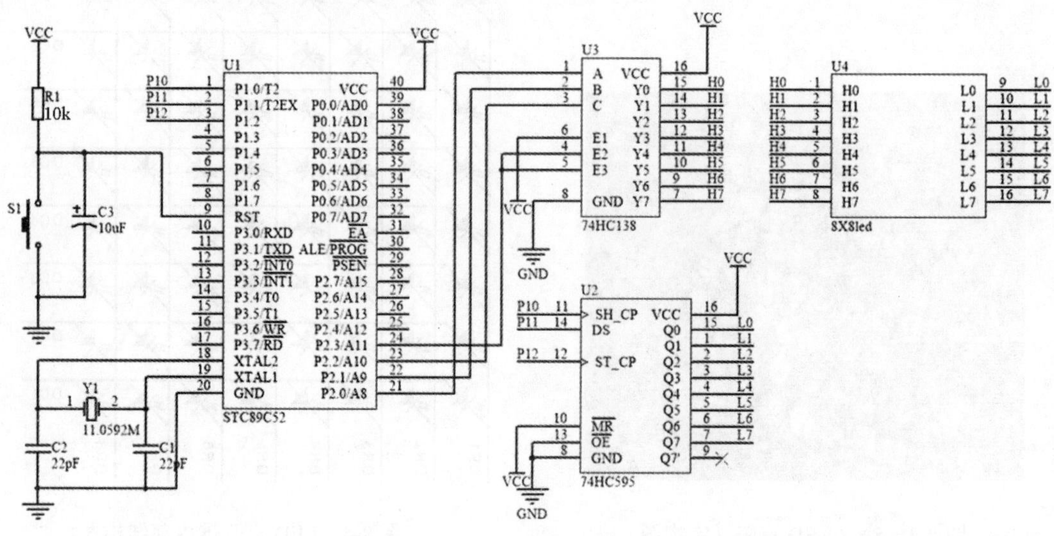

图 8-6　8×8 点阵显示电路原理图

图 8-6 中，单片机 8051 的 P1 口控制行扫描（行 Y0～Y7），用 74HC164 控制字模输出（列 X0～X7）。此外一次驱动一列或一行（8 颗 LED）时需外加驱动电路增大电流，否则 LED 亮度会不足。如图 8-6 所示电路中（D3 的等效电路）所示。

8.5　如何设计汉字点阵显示程序

LED 点阵显示屏一般采用扫描式显示，一般分为点扫描、行扫描和列扫描三种。

根据视觉暂留要求，点扫描的频率为 16×64=1024Hz，即周期小于 1ms。行扫描和列扫描频率必须大于 16×8=128Hz，即周期小于 7.8ms。

下面以 8×8 点阵列扫描显示汉字“出”为例，介绍汉字的显示方法。

```
#include <reg51.h>                        //51 系列单片机头文件
#define uchar unsigned char               //宏定义，将 unsigned char 定义为 uchar
#define uint  unsigned int                //宏定义，将 unsigned int 定义为 uint
sbit SH_CP = P1^0; // 595 移位时钟
sbit ST_CP = P1^2; // 595 锁存时钟
sbit DS = P1^1;    // 595 数据
uchar line0[]={0xe0,0xe1,0xe2,0xe3,0xe4,0xe5,0xe6,0xe7};   //行扫描
uchar data_chu[]={0x10,0x92,0x92,0xfe,0x10,0x92,0x92,0xfe}; //“出”字字模
void delay_ms(uint xms);                   //x ms 延时函数
void HC595_Shift(uchar DATA);              //数据移 8 位
```

```
void HC595_Latches(uchar ModeDATA1); //数据锁存
void main(void)
{
 uchar i;
while(1)
  {
   for(i=0;i<8;i++)
   {
    P2=line0[i];
    HC595_Latches(data_chu[i]);
    delay_ms(5);
   }
  }
}
//x ms 延时函数
void delay_ms(uint xms)
{
 uint i,j;
 for(i=xms;i>0;i--)
 for(j=110;j>0;j--);
}
//数据移 8 位
void HC595_Shift(uchar DATA)
{
 uchar i;
 for(i=0;i<8;i++)
  {
if((DATA&0X80)==0X80) { DS=1;} //发送 1
   else {DS=0;}//发送 0
   DATA<<=1;
  //移位时钟
   SH_CP=0;
  SH_CP=1;
  SH_CP=0;
  }
}
//数据锁存
void HC595_Latches(uchar ModeDATA1)
{
  HC595_Shift(ModeDATA1); //发送数据
  //锁存时钟
  ST_CP=0;
  ST_CP=1;
  ST_CP=0;
}
```

考考你自己

硬件电路如图 8-7 所示，LED 显示屏为 16×16 点阵屏，要求循环显示“我爱单片机”，请编写相关程序。

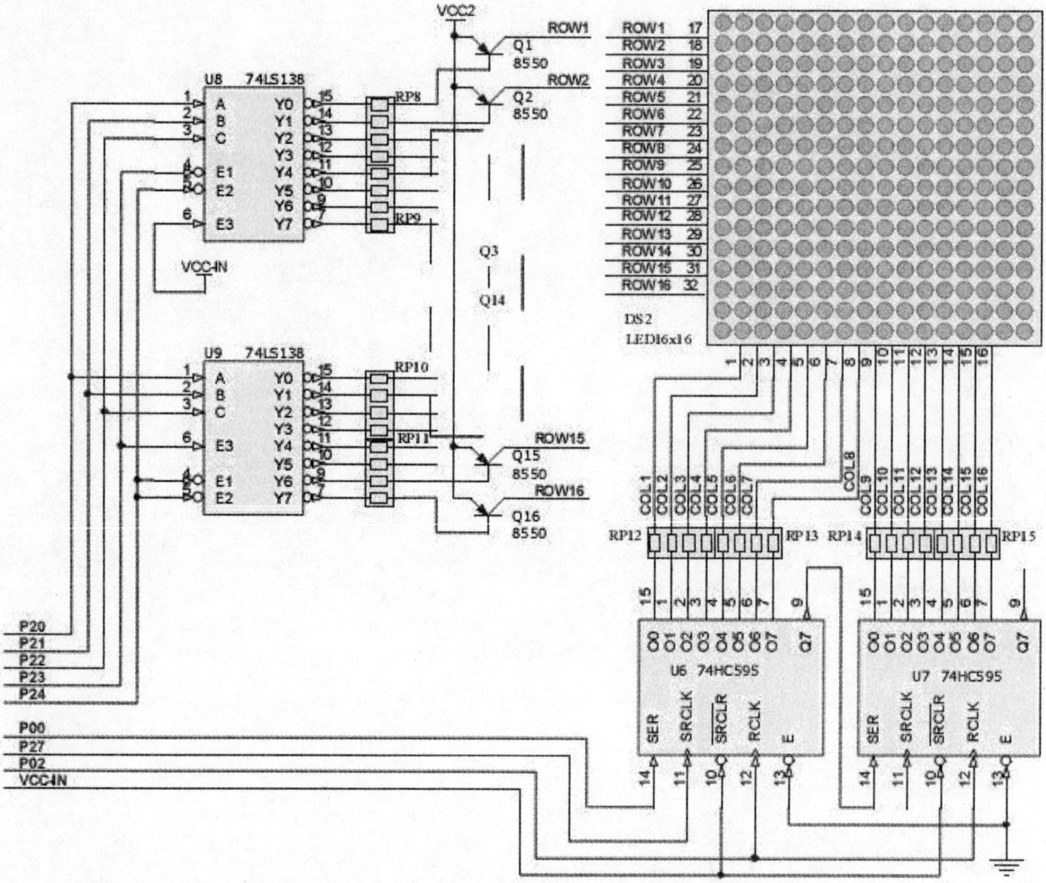

图 8-7　16×16 点阵屏显示电路

项目九　数字式温度计

——A/D 转换与单片机接口技术

愿你知多点

在自动控制领域中，通常用单片机进行实时控制和数据处理，我们知道，被测和被控参数常常是一些连续变化的物理量即模拟量，如温度、速度、电压、电流、压力等，而单片机只能加工和处理数字量，因此在单片机应用系统中处理模拟量信号时，就需要进行模数转换，即 A/D 转换。

教学目的

掌握：ADC0809 与单片机接口电路设计方法。
理解：A/D 转换原理。
了解：A/D 转换程序设计方法。

9.1　能力培养

本项目通过完成“锯齿波信号发生器”任务，可以培养读者以下能力：

（1）　能识正确使用 A/D 转换器 DAC0809；
（2）　能正确使用温度传感器；
（3）　能制作 A/D 转换器。

9.2 任务分析

要完成此项任务，需要掌握以下四方面知识：

（1） A/D 转换基本知识；

（2） 如何使用 A/D 转换器；

（3） 如何设计 A/D 转换器与单片机接口电路；

（4） 如何设计 A/D 转换器与单片机接口程序。

下面将从这四方面进行学习。

9.3 A/D 转换基本知识

9.3.1 A/D 转换器原理

将模拟量转换成数字量的器件称为A/D转换器，随着大规模集成电路技术的迅速发展，A/D 转换器新品不断推出。A/D 转换器按工作原理可分为逐次逼近式、双积分式、计数比较式和并行式，下面介绍最常用的逐次逼近式和双积分式 A/D 转换器与单片机之间的接口知识。

1. 逐次逼近式 A/D 转换原理

逐次逼近式 A/D 转换是用一个计量单位将连续量整量化（简称量化），即用计量单位与连续量进行比较，把连续量变为计量单位的整数倍，略去小于计量单位的连续量部分。这样所得到的整数量即为数字量。显然，计量单位越小，量化的误差也越小。图 9-1 所示为一个 N 位逐次逼近式 A/D 转换器原理图。

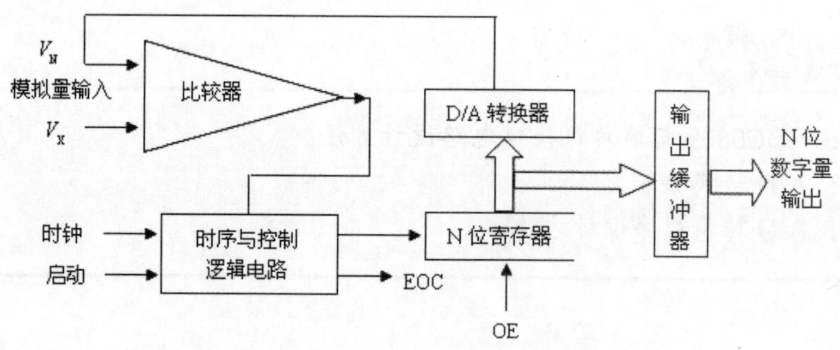

图 9-1 逐次逼近式 A/D 转换器原理图

它由 N 位寄存器、D/A 转换器、比较器和控制逻辑等部分组成。N 位寄存器用来存放 N 位二制数码。当模拟量 V_X 送入比较器后，启动信号通过控制逻辑电路启动 A/D 转换。首先，置 N 位寄存器最高位（DN-1）为“1”，其余位清“0”，N 位寄存器的内容经 D/A 转换后得到整个量程一半的模拟电压 V_N，再将该电压与输入电压 V_X 比较。若 $V_X>V_N$，则保留 DN-1=1；若 $V_X<V_N$，则 DN-1 位清 0。然后，控制逻辑使寄存器下一位（DN-2）置“1”，

与上次的结果一起经 D/A 转换后与 V_X 比较，重复上述过程，直到判断出 D0 位取 1 还是取 0 为止，此时控制逻辑电路发出转换结束标志 EOC。这样经过 n 次比较后，N 位寄存器的内容就是转换后的数字量，在输出允许信号 OE 有效的条件下，此值经输出缓冲器输出。整个转换过程就是一个逐次比较逼近过程。

常用的逐次逼近式 A/D 转换器有 ADC0809、AD574A 等。

2. 双积分式 A/D 转换原理

双积分 A/D 转换采用间接测量原理，即将被测电压值 V_X 转换成时间常数，通过测量时间常数得到未知电压值。其原理如图 9-2 所示。它由电子开关、积分器、比较器、计数器、逻辑控制门等部件组成。

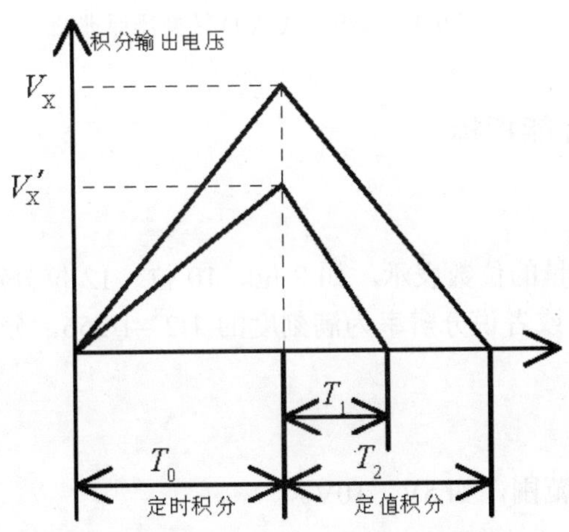

图 9-2　双积分式 A/D 转换器原理电路图

所谓双积分就是进行一次 A/D 转换需要二次积分。转换时，控制门通过电子开关把被测电压 V_X 加到积分器的输入端，积分器从零开始，在固定时间 T_0 内对 V_X 积分（称定时积分），积分输出终值与 V_X 成正比。接着控制门将电子开关切换到极性 与 V_X 相反的基准电压 V_R 上，进行反向积分，由于基准电压 V_R 恒定，所以积分输出将按 T_0 期间积分的值以恒定的斜率下降，当比较器检测到积分输出过零时，积分器停止工作。反向积分时间 T_1 与定值积分的初值（即定时积分的终值）成比例关系，故可以通过测量反向积分时间 T_1 计算出 V_X，即 $V_X=\frac{T_1}{T_0}V_R$。反向积分时间 T_1 由计数得到。图 9-3 所示原理图中显示出了两种不同输入电压（$V_X>V'_X$）的积分情况，显然 V'_X 值小，在 T_0 定时积分期间积分器输出终值也就小，而下降斜率相同，故反向积分时间 T_1 也就小。

由于双积分的二次积分时间比较长，因此 A/D 转换速度慢,但精度高。

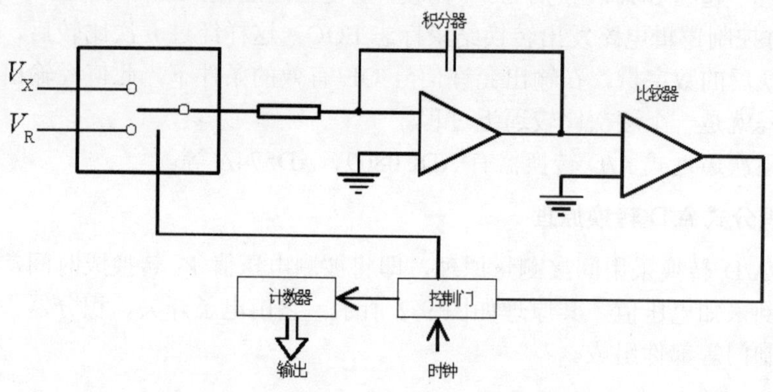

图 9-3　双积分式 A/D 转换器原理图

9.3.2　A/D 转换器性能指标

1. 分辨率

分辨率通常用数字量的位数表示，如 8 位、10 位、12 位分辨率等。如 8 位 A/D 转换器的分辨率就是 8 位，或者说分辨率为满刻度的 $1/2^8=1/256$。分辨率越高，对输入量微小变化的反应越灵敏。

2. 量程

即所能转换的电压范围，如 5V、10V。

3. 转换精度

转换精度是指一个实际 A/D 转换器与一个理想 A/D 转换器在量化值上的差值。

4. 转换时间

转换时间是指 A/D 转换器完成一次转换所需要的时间。

9.4　如何使用 A/D 转换器

ADC0809 是一个典型的 8 位 8 通道逐次逼近式 A/D 转换器，可实现 8 路模拟信号的分时采集，其转换时间为 100μs 左右，采用双列直插式封装，共有 28 只引脚，如图 9-4 所示。

IN_7～IN_0：8 路模拟量输入端。

ADC0809 对输入模拟量的要求主要有：单极性，电压范围 0～5V，若信号过小还需进行放大。

ADD-A、ADD-B、ADD-C：3 根地址线。ADD-A 为低位地址，ADD-C 为高位地址，用于选择 8 路模拟量，其地址状态与所选模拟量的对应关系如表 9-1 所示。

D0～D7：8 位数字量输出端。

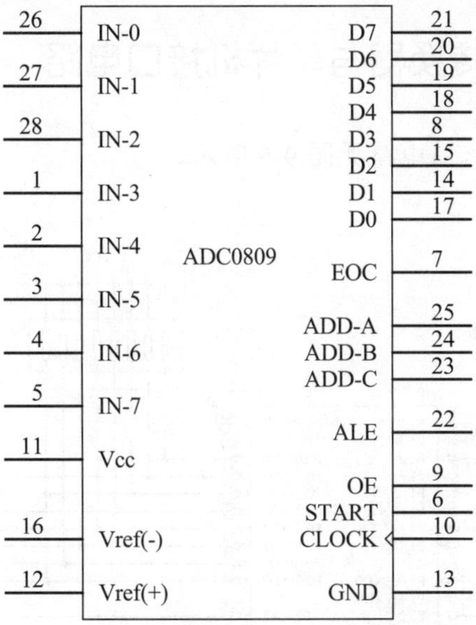

图 9-4　ADC0809 引脚排列图

表 9-1　地址状态与所选模拟量的对应关系

ADD-C	ADD-B	ADD-A	所选的模拟量
0	0	0	IN_0
0	0	1	IN_1
0	1	0	IN_2
0	1	1	IN_3
1	0	0	IN_4
1	0	1	IN_5
1	1	0	IN_6
1	1	1	IN_7

ALE：地址锁存允许信号，ALE 为高电平时，将 ADD-A、ADD-B、ADD-C 的地址状态送入地址锁存器中。

START：A/D 转换启动信号，当 START 为高电平时，启动 A/D 转换。

OE：输出允许信号，高电平有效。当 OE＝0 时，输出数据线呈高电阻值状态；当 OE＝1 时，A/D 转换数据输出到数据线 D0～D7。

CLOCK：时钟信号。通常使用频率为 500kHz 的时钟信号。

EOC：转换结束信号。A/D 转换期间 EOC 为低电平；A/D 转换结束时 EOC 高电平。

*V*cc：+5V 电源。

GND：地。

$V\text{ref}_{(+)}$、$V\text{ref}_{(-)}$：基准电压输入端。

基准电压用于和输入模拟量进行比较，作为逐次逼近的基准，其典型值为+5V（$V\text{ref}_{(+)}$=+5V，$V\text{ref}_{(-)}$=0V）。

9.5 如何设计 A/D 转换器与单片机接口电路

ADC0809 与单片机的接口电路如图 9-5 所示。

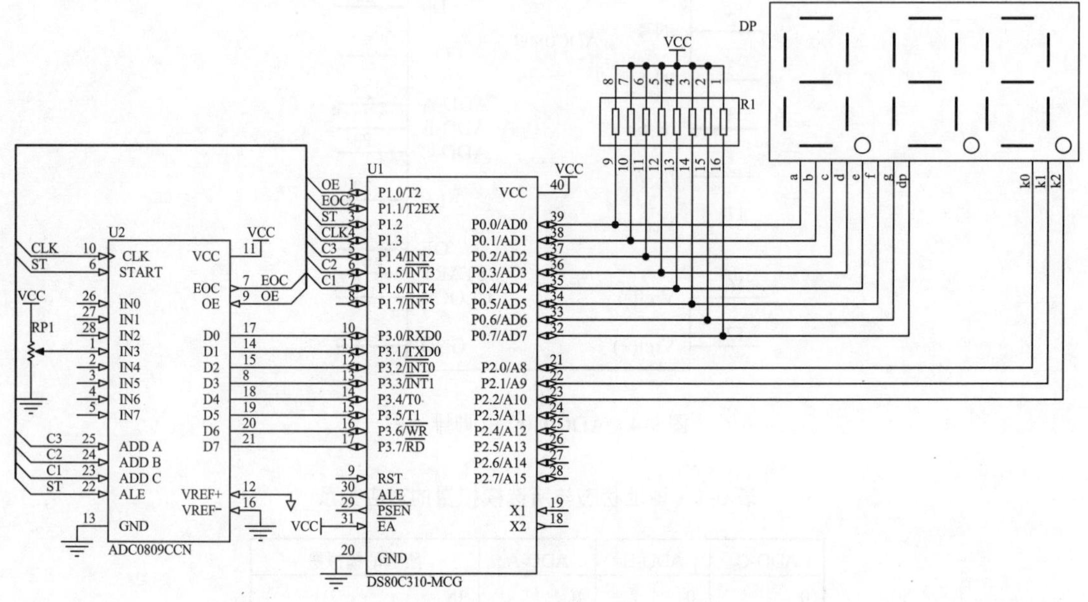

图 9-5　ADC0809 与单片机的接口电路

图 9-5 中，ADC0809 是一个 8 路的 A/D 转换器，所以它可以接 8 个模拟量输入信号，ADC0809 的 ADD-A、ADD-B、ADD-C 三只引脚用来选择模拟输入量。ADD-A、ADD-B、ADD-C 分别接单片机的 P1.4、P1.5、P1.6 引脚。ADC0809 的 8 根输出数据线 D0～D7 直接与单片机的 $P_{0.0}$～$P_{0.7}$ 相连，并由输出允许信号（OE）控制。

地址锁存信号（ALE）和启动转换信号（START）由 P1.2 产生，输出允许信号（OE）也由 P1.0 产生。ADC0809 的时钟信号（CLOCK）决定了芯片的转换速度，该芯片要求 CLOCK<640kHz，故可将单片机的 T1 定时时间作为 ADC0809 的 CLOCK 信号。转换结束信号（EOC）经反向后送到单片机的 P1.1 引脚，单片机读取 A/D 转换结果，并将结果送 P0 口显示，数码管字位码由 P2.0、P2.1、P2.2 控制。

9.6 如何设计 A/D 转换器与单片机接口程序

单片机执行以下程序，将温度采集显示。

```
/*程序名称：ADC0809 数模转换与显示
```

说明：ADC0809 采样通道 3 输入的模拟量，转换后的结果显示在数码管上。

```
*/
#include <reg51.h> //包含 MCS-51 单片机头文件
#define uchar unsigned char
#define uint unsigned int
//共阴数码管字形码
uchar code DSY_CODE[]={0x3f,0x06,0x5b,0x4f,0x66,0x6d,0x7d,0x07,0x7f,0x6f};
sbit OE=P1^0;     //输出允许信号
sbit EOC=P1^1;    //转换结束标志
sbit ST=P1^2;    //启动 A/D 转换信号
sbit CLK=P1^3;    //模拟时钟信号
//延时
void Delay(uint j)
{
uchar i;
while(j--) for(i=0;i<120;i++);
}
//显示转换结果
void Display_Result(uchar d)
{
P2=0xfe; 显示个位数
P0=DSY_CODE[d%10];
Delay(5);
P2=0xfd; 显示十位数
P0=DSY_CODE[d%100/10];
Delay(5);
P2=0xfb; 显示百位数
P0=DSY_CODE[d/100];
Delay(5);
       }
//主程序
void main()
{
TMOD=0x20; //T1 工作方式 2
TH1=0x14;
TL1=0x00;
IE=0x88;
TR1=1;
P1=0x3f;  //选择 ADC0809 的通道 3（0011）(P1.4～P1.6)
while(1)
{
ST=0;ST=1;ST=0;      //启动 A/D 转换
while(EOC==0);       //等待转换完成
OE=1;
Display_Result(P3);
OE=0;
}
 }
//T1 定时器中断给 ADC0809 提供时钟信号
```

```
void Timer1_INT() interrupt 1
{
CLK=～CLK;
}
```

考考你自己

（1） A/D 转换器有何作用？为什么要进行 A/D 转换？

（2） 简述 A/D 转换原理。

（3） A/D 转换器的主要性能指标有哪些？并简述其含义。

项目十　锯齿波信号发生器
——D/A 转换与单片机接口技术

愿你知多点

在自动控制领域中，通常使用 D/A 转换器把单片机处理的数字量转换成模拟量去控制执行机构。本项目将通过完成“锯齿波信号发生器”任务来学习 D/A 转换及其与单片机接口技术。

教学目的

掌握：DAC0832 与单片机接口电路设计方法。
理解：D/A 转换原理。
了解：D/A 转换程序设计方法。

10.1　能力培养

本项目通过完成“锯齿波信号发生器”任务，可以培养读者以下能力：

（1）　能识正确使用 D/A 转换器 DAC0832；
（2）　能正确使用运算放大器 LM324；
（3）　能制作 D/A 转换器。

10.2　任务分析

要完成此项任务，需要掌握以下四方面知识。

（1） D/A 转换基本知识；
（2） 如何使用 D/A 转换器；
（3） 如何设计 D/A 转换器与单片机接口电路；
（4） 如何设计 D/A 转换器与单片机接口程序。

下面将从这四方面进行学习。

10.3 D/A 转换基本知识

10.3.1 D/A 转换器原理

D/A 转换器是一种将数字量转换成模拟量的器件，常用的 D/A 转换器有权电阻 D/A 转换器和 T 型电阻网络 D/A 转换器两种，下面，以权电阻 D/A 转换器为例加以说明。

权电阻 D/A 转换器实质上是一只反向求和放大器。图 10-1 所示为 4 位二进制 D/A 转换器的典型电路，电路由权电阻器、位切换开关、反馈电阻器和运算放大器组成。

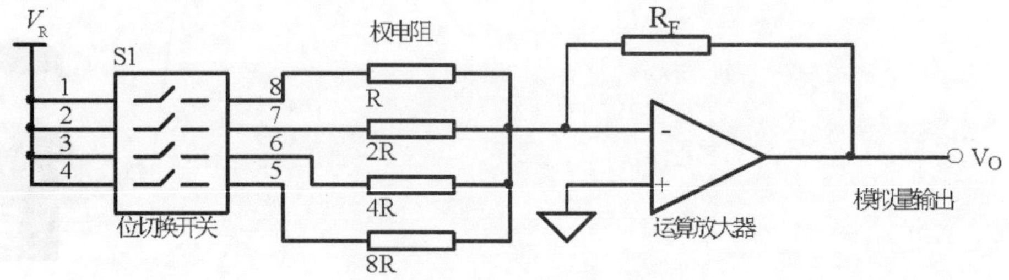

图 10-1 权电阻 D/A 转换器

权电阻器的电阻值按 8:4:2:1 的比例配置（即按二进制权值配制），显然，放大器的输入各项电流是 $\frac{V_R}{8R}$、$\frac{V_R}{4R}$、$\frac{V_R}{2R}$、$\frac{V_R}{R}$，其中 V_R 为基准电压。各项电流的通断由输入二进制位通过位切换开关控制，这些电流值符合二进制位关系。经运算放大器反向求和，其输出的模拟量与输入的二进制数据 d_3、d_2、d_1、d_0 成比例：

$$V_0=-\left(\frac{d_0}{8R}+\frac{d_1}{4R}+\frac{d_2}{2R}+\frac{d_3}{R}\right)R_F \cdot V_R$$

其中，$d_3 \sim d_0$ 是输入二进制的位，取值为 0 时表示位切换开关断开，该位无电流输入；取值为 1 时，表示切换开关合上，该位有电流输入。

选用不同的权电阻网络，就可以得到不同编码的 D/A 转换器。

10.3.2 D/A 转换器性能指标

1. 分辨率

通常用数字量的位数表示，一般为 8 位，10 位，12 位，16 位等。如 10 位 D/A 转换器的分辨率就是 10 位，或者说它可以对满量程 $\frac{1}{2^{10}}=\frac{1}{1024}$ 的增量做出反应。

2. 转换线性

转换线性（也称非线性误差）是实际转换特性曲线与理想特性曲线之间的最大偏差。常用相对于满量程的百分数来表示。如±1%是指实际输出值与理论值的偏差在满刻度的±1%以内。

3. 绝对精度

绝对精度是指在整个刻度范围内，输入数码所对应的模拟量的实际输出值与理论值之间的最大误差。

4. 建立时间

建立时间是指输入数字量发生满刻度变化时，输出模拟信号达到满刻度值的±1/2LSB 所需时间，建立时间一般为几微秒到几毫秒。

10.4 如何使用 D/A 转换器

DA0832 为常用典型 D/A 转换器，其逻辑方框图如图 10-2 所示，它由数据寄存器、DAC 寄存器和 D/A 转换器三大器件组成。

DAC0832 是一个 8 位 D/A 转换器，单电源供电，+5～+15V 均可正常工作，基准电压为-10～+10V，电流建立时间为 1μs，CMOS 工艺，功耗为 20mW，共 20 只引脚，双列直插式封装，引脚排列图如图 10-3 所示。

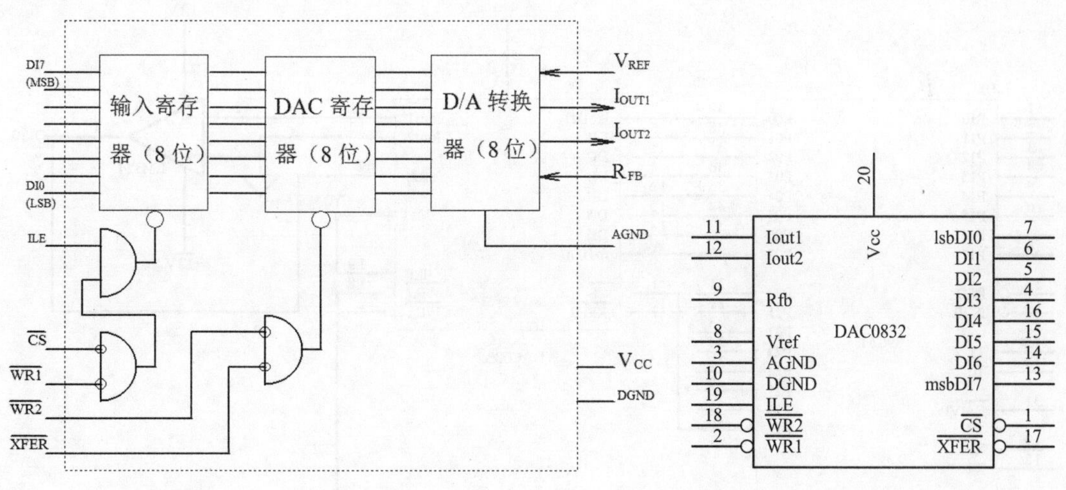

图 10-2　DAC0832 逻辑方框图　　　　图 10-3　DAC0832 引脚排列图

各引脚说明如下：

DI0～DI7：数字量输入端。

$\overline{CS}$：片选信号（输入），低电平有效。

ILE：数据锁存允许信号（输入），高电平有效。

$\overline{\text{WR1}}$：写信号 1（输入），低电平有效。该信号与 ILE 信号共同控制输入寄存器的工作方式：当$\overline{\text{CS}}$=0，ILE=1，$\overline{\text{WR1}}$=0 时，输入寄存器工作在直通方式；当$\overline{\text{CS}}$=0，ILE=1，$\overline{\text{WR1}}$=1 时，输入寄存器工作在锁存方式。

$\overline{\text{XFER}}$：数据传送控制信号（输入），低电平有效。

$\overline{\text{WR2}}$：写信号 2（输入），低电平有效。该信号与$\overline{\text{XFER}}$信号共同控制 DAC 寄存器的工作方式：当$\overline{\text{WR2}}$=0，$\overline{\text{XFER}}$=0 时，DAC 寄存器工作在直通方式；当$\overline{\text{WR2}}$=1，$\overline{\text{XFER}}$=0 时，DAC 寄存器工作在锁存方式。

Iout1：电流输出 1。当数据为全 1 时输出电流最大；全为 0 时输出电流最小。

Iout2：电流输出 2。

注：Iout1+ Iout2=常数。

Rfb：反馈端。即 DAC0832 内部反馈电阻引脚。

*V*ref：基准电压，输入电压范围为-10～+10V。

*V*cc：电源，+5～15V。

DGND——数字地。

AGND——模拟地。

10.5 如何设计 D/A 转换器与单片机接口电路

DAC0832 与单片机的接口电路如图 10-4 所示。

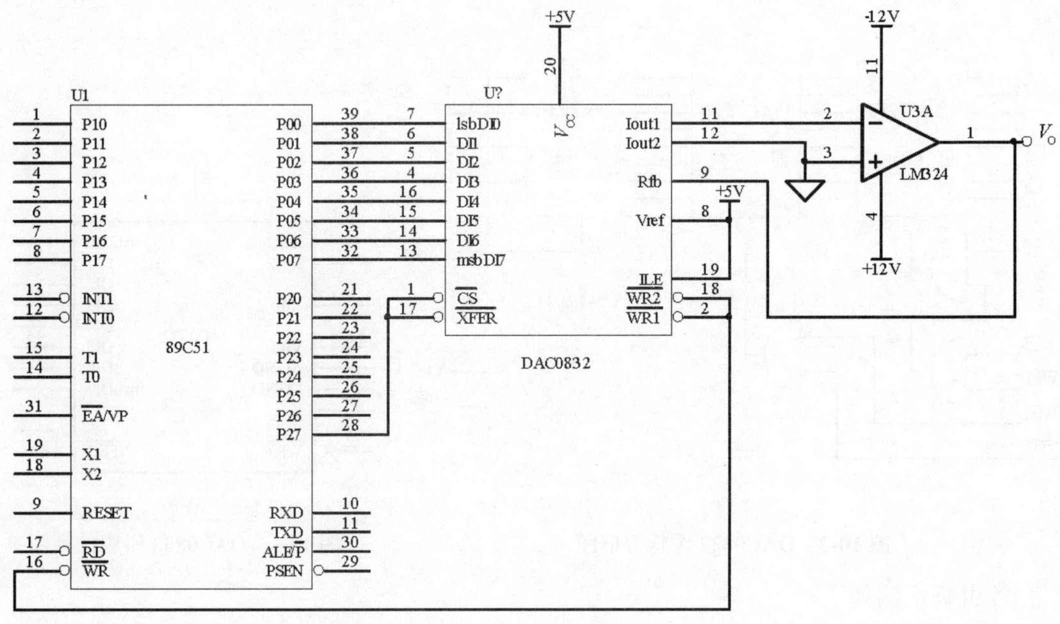

图 10-4　DAC0832 与单片机的接口电路

图 10-4 中，DAC0832 接成单缓冲工作方式。ILE 接+5V，IOUT2 接地，IOUT1 输出电流经运算放大器 U3A（LM324）输出一个单极性电压（范围为-5～0V）。片选信号 $\overline{CS}$ 和传输控制信号 $\overline{XFER}$ 都接到地址线 A15（即 P2.7），输入寄存器和 DAC 寄存器地址都可以选为 7FFFFH，写选通信号输入线 $\overline{WR1}$、$\overline{WR2}$ 都与单片机的写信号 $\overline{WR}$ 连接，单片机对 DAC0832 执行一次写操作，就可以把一个数据直接写入 DAC 寄存器。

10.6　如何设计 D/A 转换器与单片机接口程序

单片机执行以下程序，将在运算放大器 U3A 输出端得到一个锯齿波。

```
  ；锯齿波信号发生器
  #include <reg51.h> //包含 MCS-51 单片机头文件
  #include<absacc.h>
#define DAC XBYTE[0x7fff]     //DAC0832 的地址
  void main()
{
 int i;
  while(1)
 {
 for(i=0;i<255;i++)     //送数字量进行转换
 {DAC=i;}
   }
}
```

考考你自己

（1）D/A 转换器有何作用？为什么要进行 D/A 转换？

（2）简述 D/A 转换原理。

（3）D/A 转换器的主要性能指标有哪些？并简述其含义。

（4）在 D/A 转换电路中，要输出矩形波，如何修改程序？

（5）在 D/A 转换电路中，要输出三角波，如何修改程序？

项目十一　串行通信设计
——串口通信原理及应用

愿你知多点

一般情况下，中小规模的单片机应用系统只需要在最小系统的基础上，用串行扩展已能满足应用系统的需要。串行扩展能够最大程度发挥最小系统的资源功能，简化连接线路，只需 1～4 根信号线，结构紧凑，面积小，扩展性好，系统容易修改，可简化系统的设计。下面我们将通过制作“串口通信设计”任务，来学习单片机串口的相关知识。

串口通信应用实例如图 11-1 所示。

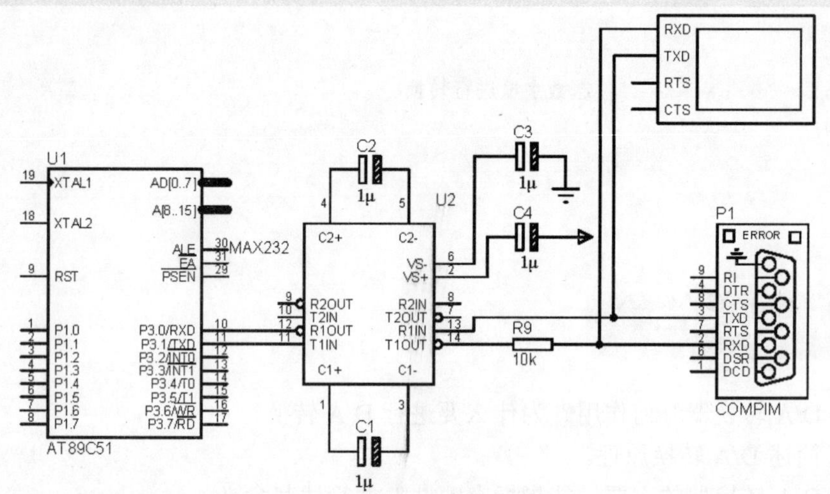

图 11-1　串口通信应用实例

教学目的

掌握：串口通信接口电路设计方法。

理解：串口工作方式；串行口特殊功能寄存器。

了解：异步通信和同步通信。

11.1　能力培养

本项目通过完成“单片机串口通信具体实现”任务，可以培养读者以下能力：

（1）　能识别单片机串行口；

（2）　能正确使用 CD4094 芯片和 74LS165 芯片；

（3）　能制作串入并出和并入串出电路及其程序。

11.2　任务分析

要完成此项任务，需要掌握以下四方面知识：

（1）　如何使用串口通信技术；

（2）　如何使用 MCS-51 单片机串行口；

（3）　如何设计单片机串口通信电路；

（4）　如何设计单片机串口通信程序。

下面将从这四方面进行学习。

11.3　如何使用串口通信技术

所谓“通信”是指计算机与其他设备之间进行的信息交换。通信的方式分为并行通信和串行通信两种。

并行通信是构成一组数据的各位同时进行传送，例如 8 位数据或 16 位数据并行传送。其特点是传输速度快，但当距离较远、位数又多时导致了通信线路复杂且成本高。

串行通信是数据一位接一位地顺序传送。其特点是通信线路简单，只要一对传输线就可以实现通信（如电话线），可大大地降低成本，适用于远距离通信。缺点是传送速度慢。

图 11-2 所示为以上两种通信方式的示意图。由图可知，假设并行传送 N 位数据所需时间为 T，那么串行传送的时间至少为 NT，实际上总是大于 NT 的。

11.3.1　串行通信的分类

串行通信按同步方式可分为异步通信和同步通信。

同步通信依靠同步字符保持通信同步。同步通信是由 1～2 个同步字符和多字节数据位组成的，同步字符作为起始位以触发同步时钟开始发送或接收数据；多字节数据之间不允许有空隙，每位占用的时间相等；空闲位需发送同步字符。同步通信传输速度较快，但要求有准确的时钟来实现收发双方的严格同步，对硬件要求较高，适用于成批数据传送。

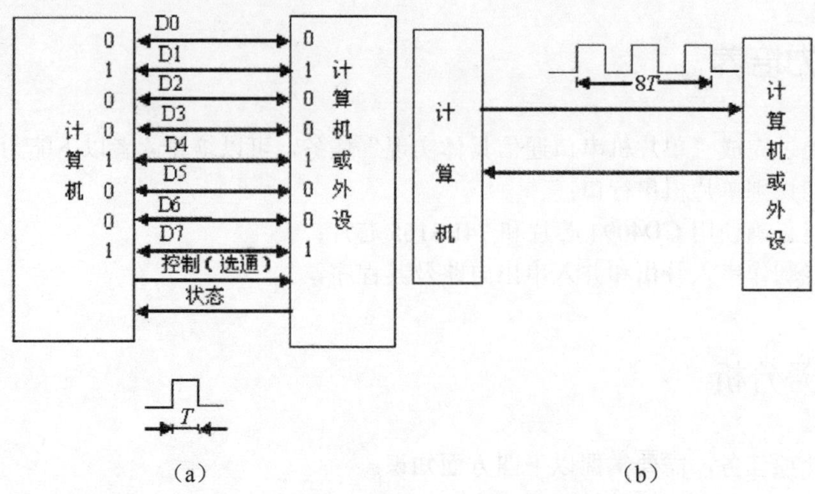

图 11-2　并行通信及串行通信示意图

异步通信依靠起始位、停止位保持通信同步。异步通信数据传送按帧传输，一帧数据包含起始位、数据位、校验位和停止位。异步通信对硬件要求较低，实现起来比较简单、灵活，适用于数据的随机发送/接收，但因每个字节都要建立一次同步，即每个字符都要额外附加两位，所以工作速度较低。在单片机异步通信中，数据分为一帧一帧地传送，即异步串行通信一次传送一个完整字符，字符格式如图 11-3 所示。

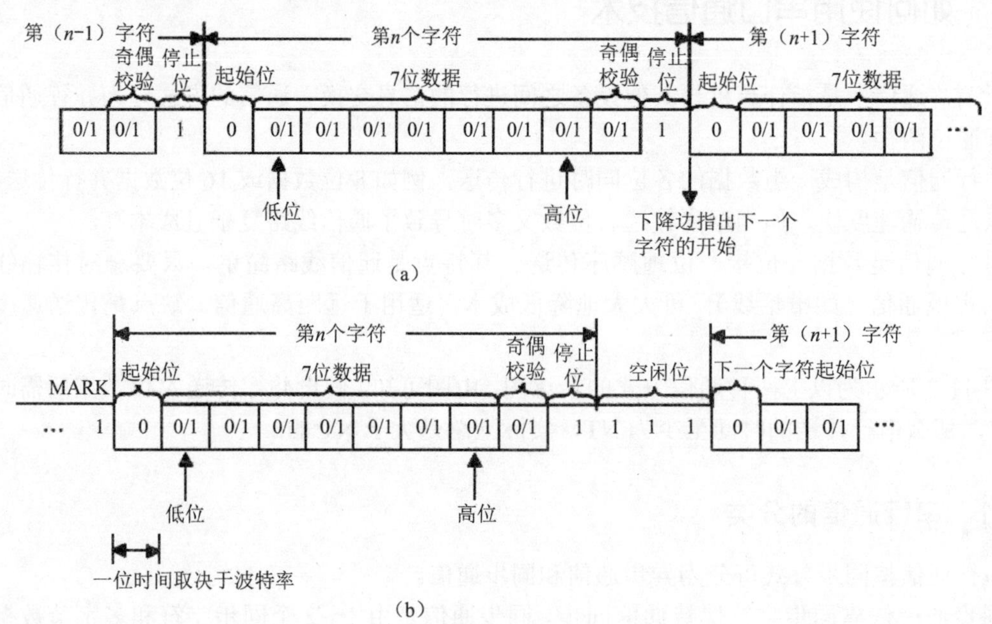

图 11-3　异步串行通信的字符格式

一个字符应包括以下信息。

1.　起始位

对应逻辑 0（space）状态。发送器通过发送起始位开始一帧字符的传送。

2. 数据位

起始位之后传送数据位。数据位中低位在前，高位在后。数据位可以是 5、6、7、8 位。

3. 奇偶校验位

奇偶校验位实际上是传送的附加位，若该位用于奇偶校验，可校检串行传送的正确性。奇偶校验位的设置与否及校验方式（奇校验还是偶校验）由用户需要确定。

4. 停止位

用逻辑 1（mark）表示。停止位标志一个字符传送的结束。停止位可以是 1、1.5 或 2 位。

串行通信中用每秒传送二进制数据位的数量表示传送速率，称为波特率：

1 波特＝1bps（位/秒）

例如数据传送速率是 240 帧/秒，每帧由一位起始位、八位数据位和一位停止位组成，则传送速率为：

10×240＝2400 位/秒＝2400 波特

相互通信的甲乙双方必须具有相同的波特率，否则无法成功地完成串行数据通信。波特率越高，传送速度越快。

11.3.2　串行通信的制式

单片机的串行通信主要采用异步通信传送方式。在串行通信中，按不同的通信方向有单工传送和双工传送之分，如图 11-4 所示。

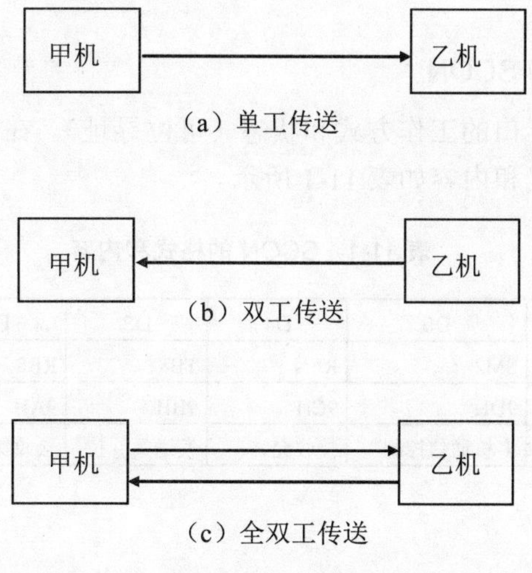

图 11-4　单片机串行通信方向示意图

单工传送甲乙两机只能单方向发送或接收数据，单双工传送中，甲机和乙机能分时进行双向发送和接收数据，全双工甲乙两机能同时双向发送和接收数据。

11.4 如何使用 MCS-51 单片机串行口

51 系列单片机有一个全双工的串行口，这个口既可以用于网络通信，也可以实现串行异步通信，还可以作为同步移位寄存器使用。

11.4.1 串行口特殊功能寄存器

1. 串行数据缓冲器 SBUF

在逻辑上只有一个，既表示发送寄存器，又表示接收寄存器，具有同一个单元地址 99H，用同一寄存器名 SBUF。在物理上有两个，一个是发送缓冲寄存器，另一个是接收缓冲寄存器。发送时，只需将发送数据输入 SBUF，CPU 将自动启动和完成串行数据的发送；接收时，CPU 将自动把接收到的数据存入 SBUF，用户只需从 SBUF 中读出接收数据。

SBUF=date； //发送数据

date=SBUF； //接收数据

串行口对外也有两条独立的收发信号线 RXD(P3.0)和 TXD(P3.1)，因此可以同时发送、接收数据，实现全双工传送。

发送和接收过程都是在发送和接收时钟控制下进行的，必须与设定的波特率保持一致。一般，51 单片机的串口时钟是由内部定时器的溢出率经 16 分频后提供的。

2. 串行控制寄存器 SCON

SCON 用来控制串行口的工作方式和状态（可位寻址）。在复位时所有位被清 0，字地址为 98H。SCON 的格式和内容如表 11-1 所示。

表 11-1 SCON 的格式和内容

SCON	D7	D6	D5	D4	D3	D2	D1	D0
位名称	SM0	SM1	SM2	REN	TB8	RB8	TI	RI
位地址	9FH	9EH	9DH	9CH	9BH	9AH	99H	98H
功能	工作方式选择		多机通信控制	接收允许	发送第 9 位	接收第 9 位	发送中断	接收中断

（1） SM0 SM1。

SM0 SM1 为串行口工作方式选择位，功能如表 11-2 所示。

表 11-2　串行口工作方式

SM0 SM1	工作方式	功能简述	波特率
0　0	方式 0	8 位同步移位寄存器	*fosc*/12
0　1	方式 1	10 位 UART	可变
1　0	方式 2	11 位 UART	*fosc*/12 或 *fosc*/64
1　1	方式 3	11 位 UART	可变

（2） SM2。

SM2 为多机通信控制位。当串行口以方式 2 或方式 3 接收时，如 SM2＝1，则只有当接收到的第九位数据（RB8）为 1，才将接收到的前 8 位数据送入接收 SBUF，并使 RI 位置 1，产生中断请求信号；否则将接收到的前 8 位数据丢弃。而当 SM2＝0 时，则不论第九位数据为 0 还是为 1，都将前 8 位数据装入接收 SBUF 中，并产生中断请求信号。

对方式 0，SM2 必须为 0，对方式 1，当 SM2=1，只有接收到有效停止位后才使 RI 位置 1。

（3） REN。

REN 为允许接收控制位。当 REN＝0 时，禁止接收；当 REN＝1 时，允许接收。该位由软件置 1 或清零。

（4） TB8。

TB8 为方式 2 和方式 3 中要发送的第 9 位数据。

（5） RB8。

RB8 为方式 2 和方式 3 中要接收的第 9 位数据。

（6） TI。

TI 为发送中断标志。当方式 0 时，发送完第 8 位数据后，该位由硬件置位。在其他方式下，于发送停止位之前由硬件置位。因此 TI＝1，表示帧发送结束。其状态既可供软件查询使用，也可请求中断。TI 位由软件清 0。

（7） RI。

RI 为接收中断标志。当方式 0 时，接收完第 8 位数据后，该位由硬件置 1。在其他方式下，当接收到停止位时，该位由硬件置位。因此 RI＝1，表示帧接收结束。其状态既可供软件查询使用，也可以请求中断。RI 位由软件清 0。

3. 电源控制寄存器 PCON

PCON 主要是为 CHMOS 型单片机的电源控制而设置的专用寄存器，单元地址为 87H，不能位寻址。PCON 中 SMOD 位（D7 位即最高位）可影响串行口的波特率。当（SMOD）＝1，串行口波特率加倍（在 PCON 中只有这一个位与串口有关）。

4. 中断允许寄存器 IE

IE 中 ES 位可选择串行口中断允许或禁止。

当 ES=0 时，禁止串行口中断；

当 ES=1 时，允许串行口中断。

11.4.2 串行口的工作方式

80C51 串行通信共有 4 种工作方式，由串行控制寄存器 SCON 中 SM0 SM1 决定，如表 11-3 所示。

表 11-3 串行通信工作方式选择

SM0 SM1	工作方式	说明	波特率
0 0	方式 0 （扩展 I/O 口）	移位输入/输出 （用于扩展 I/O 引脚）方式	为 fosc（振荡频率）的 1/12
0 1	方式 1 （常用）	波特率可变的 8 位 异步串行通信方式	$\frac{\text{T1溢出率?}2^{SMOD}}{32}$
1 0	方式 2 （不常用）	波特率固定的 9 位 异步串行通信方式	$\frac{f_{OSC}\times 2^{SMOD}}{64}$
1 1	方式 3 （常用）	波特率可变的 9 位 异步串行通信方式	$\frac{\text{T1溢出率}2^{SMOD}}{32}$

1. 工作方式 0

为同步移位寄存器方式，其波特率是固定的，为 *f*osc（振荡频率）的 1/12。

① 方式 0 发送：数据从 RXD 引脚串行输出，TXD 引脚输出同步脉冲，如图 11-5 所示。当 1 个数据写入串行口发送缓冲器时，串行口将 8 位数据以 *f*osc/12 的固定波特率从 RXD 引脚输出，从低位到高位。发送完后置中断标志 TI 为 1，呈中断请求状态，在再次发送数据之前，必须用软件将 TI 清 0。

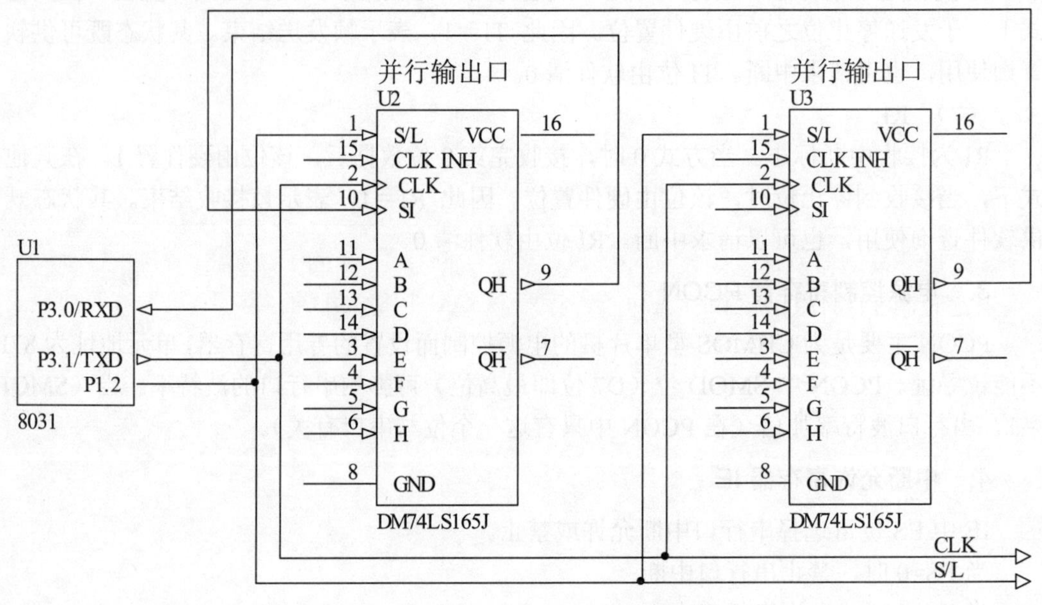

图 11-5 方式 0 发送

② 方式 0 接收：在满足 REN=1（允许接收）、RI=0 的条件下，串行口处于方式 0 输入，如图 11-6 所示。此时，RXD 为数据输入端，TXD 为同步信号输出端，接收器也以 *f*osc/12 的波特率采样 RXD 引脚输入的数据信息。当接收器接收完 8 位数据后，置中断标志 RI=1 为请求中断，在再次接收之前，必须用软件将 RI 清 0。

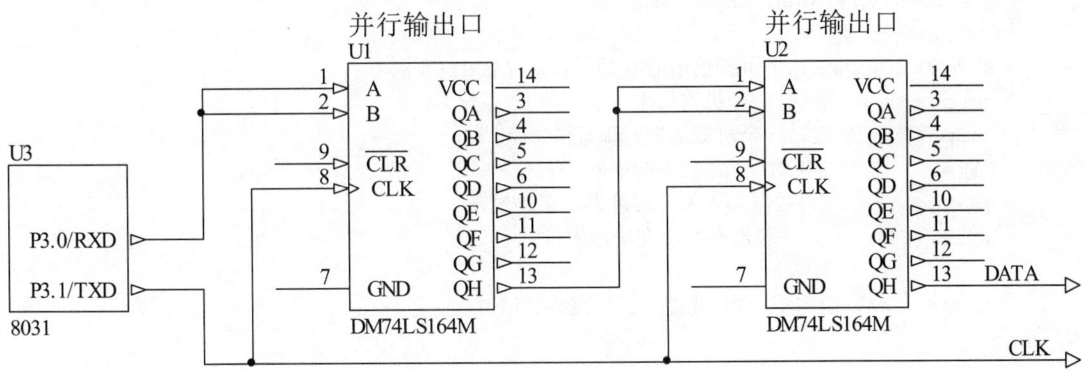

图 11-6　方式 0 接收

在方式 0 工作时，必须使 SCON 寄存器中的 SM2 位为“0”，这并不影响 TB8 位和 RB8 位。方式 0 发送或接收完 8 位数据后由硬件置位 TI 或 RI 中断请求标志，CPU 在响应中断后要用软件清除 TI 或 RI 标志。若串行口要作为并行口输入输出，这时必须设置“串入并出“或”并入串出”的移位寄存器来配合使用（如 74HC164 或 74HC165 等）。

2. 工作方式 1

该方式为波特率可变的 8 位异步通信接口。

① 方式 1 发送：数据位由 TXD 端输出发送 1 帧信息为 10 位，其中 1 位起始位、8 位数据位（先低位后高位）和一个停止位“1”。CPU 执行 1 条数据写入发送缓冲器 SBUF 的指令，就启动发送器发送。当发送完数据，就置中断标志 TI 为 1。方式 1 所传送的波特率取决于定时器 T1 的溢出率和特殊功能寄存器 PCON 中 SMOD 的值，即方式 1 的波特率=（2SMOD/32）×定时器 T1 的溢出率。

② 方式 1 接收：当串行口置为方式 1，且 REN=1 时，串行口处于方式 1 输入状态。它以所选波特率的 16 倍的速率采样 RXD 引脚状态。

3. 工作方式 2

该方式为 11 位异步通信接口。

① 方式 2 发送：发送数据由 TXD 端输出，发送 1 帧信息为 11 位，其中 1 位起始位（0）、8 位数据位（先低位后高位）、1 位可控位为 1 或 0 的第 9 位数据、1 位停止位。附加的第 9 位数据为 SCON 中的 TB8，它由软件置位或清 0，可作为多机通信中地址/数据信

息的标志位，也可作为数据的奇偶校验位。

方式 2 中使用 TB8 作为发送数据的奇偶校验位，

发送程序如下：

```
void Send(unsigned char dat)
{
  P17=0;      //P1.7 引脚输出清 0 信号，对 74LS164 清 0
  _nop_();    //延时一个机器周期
  _nop_();  //延时一个机器周期，保证清 0 完成
  P17=1;     //结束对 74LS164 的清 0
  SBUF=dat;  //将数据写入发送缓冲器，启动发送
  while(TI==0)  //若没有发送完毕，等待
    ;
  TI=0;    //发送完毕，TI 被置“1”，需将其清 0
}
```

② 方式 2 接收：当串行口置为方式 2，且 REN=1 时，串行口以方式 2 接收数据。方式 2 的接收与方式 1 基本相似。数据由 RXD 端输入，接收 11 位信息，其中 1 位起始位（0）、8 位数据位、1 位附加的第 9 位数据、1 位停止位（1）。

方式 2 的波特率=(2SMOD/64)×*fosc*

若附加的第 9 位数据为奇偶校验位，在接收中断服务程序中应作检验处理，参考程序如下：

方式 2 中使用 TB8 作为发送数据的奇偶校验位。

接收程序如下：

```
#include<reg51.h>          //包含单片机寄存器的头文件
sbit p=PSW^0;             //将 p 位定义为程序状态字寄存器的第 0 位（奇偶校验位）

unsigned char code Tab[ ]={0xFE,0xFD,0xFB,0xF7,0xEF,0xDF,0xBF,0x7F};
//流水灯控制码，该数组被定义为全局变量
/*****************************************************
函数功能：向 PC 发送一个字节数据
*****************************************************/
void Send(unsigned char dat)
{
  ACC=dat;
  TB8=p;
 SBUF=dat;
  while(TI==0)
     ;
   TI=0;
}
/**************************************************************
函数功能：延时约 150ms
**************************************************************/
```

```
 void delay(void)
{
   unsigned char m,n;
    for(m=0;m<200;m++)
     for(n=0;n<250;n++)
         ;
 }
/*************************************************
函数功能：主函数
*************************************************/
void main(void)
{
   unsigned char i;
   TMOD=0x20;  //TMOD=0010 0000B，定时器 T1 工作于方式 2
   SCON=0xc0;  //SCON=1100 0000B，串口工作方式 3，
             //SM2 置 0，不使用多机通信，TB8 置 0
   PCON=0x00;  //PCON=0000 0000B，波特率 9600
   TH1=0xfd;     //根据规定给定时器 T1 赋初值
   TL1=0xfd;     //根据规定给定时器 T1 赋初值
   TR1=1;      //启动定时器 T1
  while(1)
   {
     for(i=0;i<8;i++)    //模拟检测数据
       {
        Send(Tab[i]);          //发送数据 i
       delay();   //50ms 发送一次检测数据
      }
   }
 }
```

4. 工作方式 3

方式 3 为波特率可变的 9 位异步通信方式，除了波特率有所区别之外，其余方式都与方式 2 相同。

方式 3 的波特率=（2SMOD/32）×（定时器 T1 的溢出率）

11.5 如何设计单片机串口通信电路

图 11-7 所示电路中，串行口作为并行输出口使用时，要有“串入并出”的移位寄存器配合（例如 CD4094），在移位时钟脉冲（TXD）的控制下，数据从串行口 RXD 端逐位移入 CD4094 芯片的第 2 脚。移位数据的发送和接收以 8 位为一组，低位在前高位在后，SCON 寄存器的 TI 位被自动置 1，随后，CD4094 的内容即可并行输出。

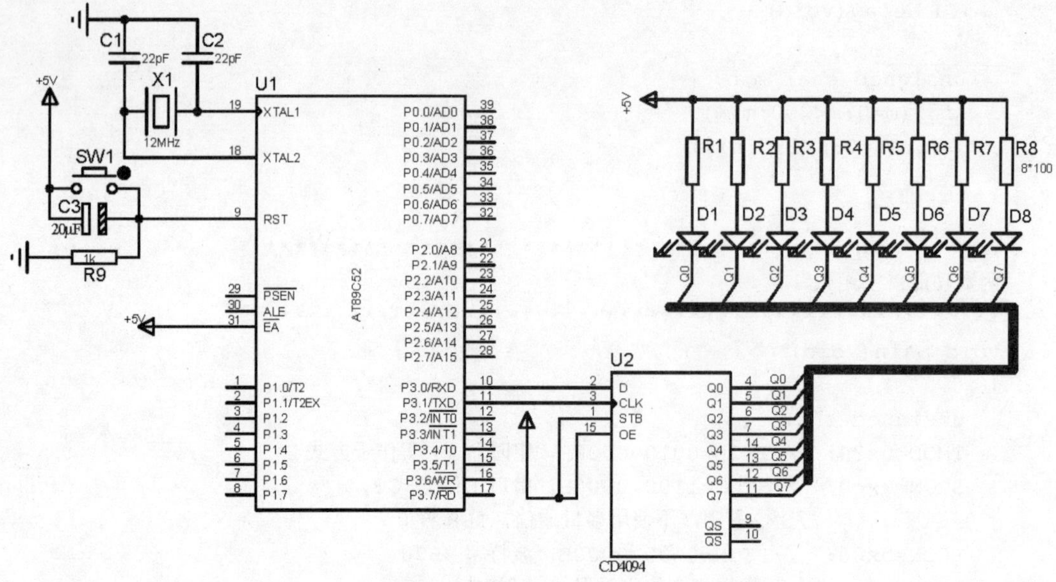

图 11-7　CD4094 与单片机组成的串入并出接口电路

这种显示电路的特点是我们所谓的“串入并出”，“串入”是指一位一位移入 CD4094 芯片，“并出”是指经过 CD4094 芯片的内容整顿停留后一并送出，本例中是一起送到流水 LED 中，驱动 LED 逐个显示。

图 11-8 所示电路中，把能实现“并入串出”功能的移位寄存器（例如 74LS165）与串

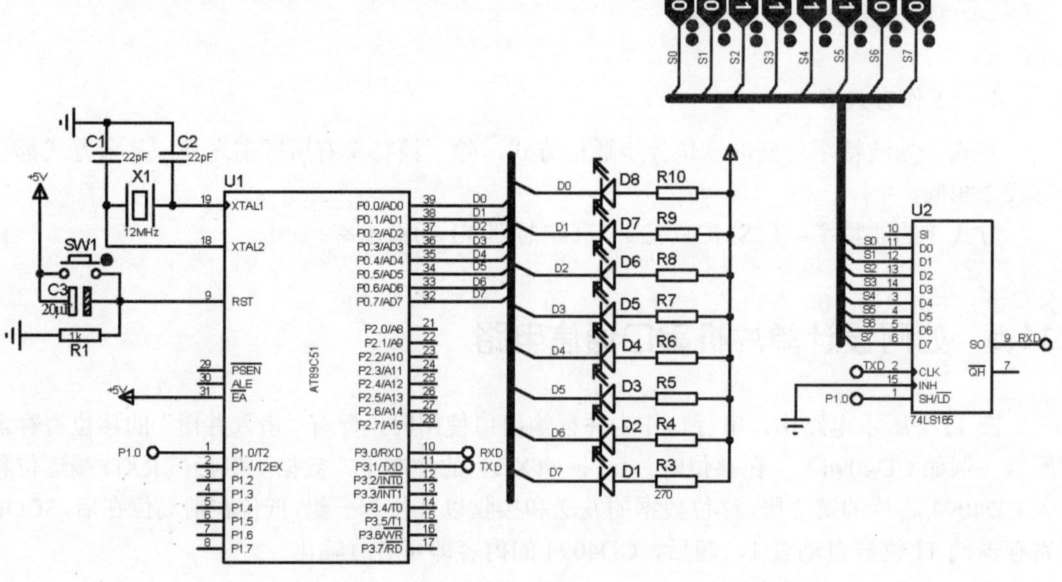

图 11-8　74LS165 与单片机组成的并入串出接口电路

行口配合使用，就可以把串行口变为并行输入口使用。74LS165 芯片的 S/L 端为移位控制/置入控制（低电平有效）端，当 S/L=0 时，从 D0～D7（即 74LS165 芯片的 11～14 脚和 3～6 脚）并行置入数据，当 S/L=1 时，允许从 SO 端（即 74LS165 芯片的 9 脚）移出数据。当 SCON 中的 REN=1 时，TXD 端发出移位时钟脉冲，从 RXD 端串行输入 8 位数据。当接收到第 8 位数据 D7 后，置位中断标志位 RI，表示一帧数据接收完成。

这种显示电路的特点是我们所谓的“并入串出”，“并入”是指外部数据从 D0～D7 并行输入到 74LS165 芯片中，“串出”是指经过 CD4094 芯片的内容整顿停留后，通过 SO 端一位一位送出，送到那里去？送到 89C51 芯片的 P 3.0 脚。

11.6 如何设计单片机串口通信程序

11.6.1 任务分析

单片机的应用系统由硬件和软件组成，上述硬件原理图搭建完成上电之后，我们还不能看到单片机串口通信的现象，我们还需要告诉单片机怎么来进行工作，即编写程序控制单片机管脚电平的高低变化，来实现对 CD4094 和 74LS165 芯片的控制。软件编程是单片机应用系统中的一个重要的组成部分，是单片机学习的重点和难点。

1. 如何实现 74LS164 与单片机组成的串入并出

数据从 RXD 引脚串行输出，TXD 引脚输出同步脉冲。当 1 个数据写入串行口发送缓冲器时，串行口将 8 位数据以 *f*osc/12 的固定波特率从 RXD 引脚输出，从低位到高位。发送完后置中断标志 TI 为 1，呈中断请求状态，在再次发送数据之前，必须用软件将 TI 清 0。

2. 如何实现 74LS165 与单片机组成的并入串出

在满足 REN=1(允许接收）、RI=0 的条件下，串行口处于方式 0 输入。此时，RXD 为数据输入端，TXD 为同步信号输出端，接收器也以 *f*osc/12 的波特率采样 RXD 引脚输入的数据信息。当接收器接收完 8 位数据后，置中断标志 RI=1 为请求中断，在再次接收之前，必须用软件将 RI 清 0。

11.6.2 程序流程图设计

1. CD4094 与单片机组成的串入并出接口电路程序流程图

CD4094 与单片机组成的串入并出接口电路程序流程图如图 11-9 所示。

2. 74LS165 与单片机组成的并入串出接口电路程序流程图

74LS165 与单片机组成的并入串出接口电路程序流程图如图 11-10 所示。

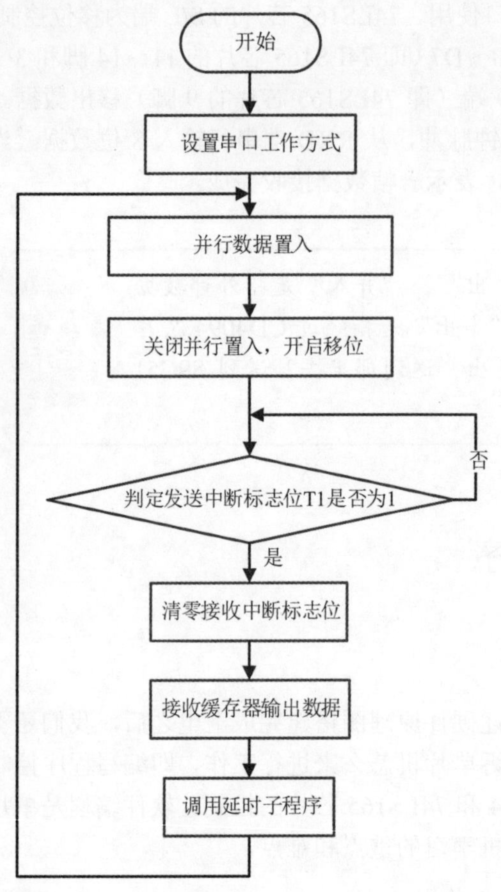

图 11-9　串入并出接口电路程序流程图

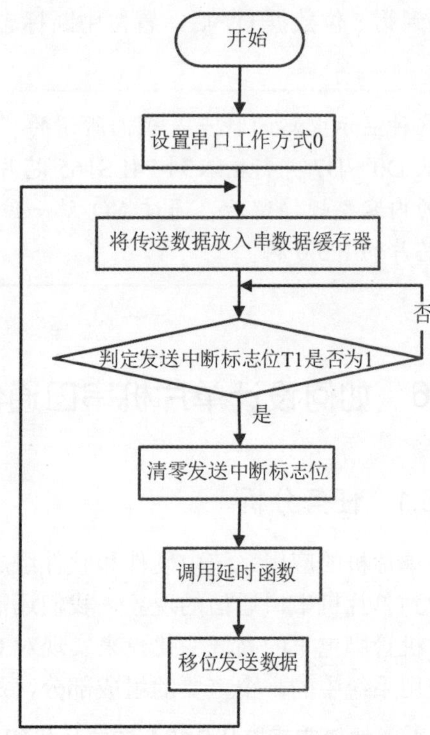

图 11-10　并入串出接口电路程序流程图

11.6.3　程序清单

程序一（CD4094 与单片机组成的串入并出接口电路）

```
#define uchar unsigned char
#include <reg51.h>          // keil 的库函数，包括声明的寄存器
#include<intrins.h>
void Delay1s();           // 声明一个延时子函数
void main()               // C 语言程序开始执行的标志
{
 uchar i,j;
 SCON=0X00;
 ES=0;
 while(1)
 {
 j=0xfe;员                //串行输出初值
 for(i=0;i<8;i++)
 {
```

```
  SBUF=j;
  if(T1==0);               //判断发送完毕中断标志位
  T1=0;                  //清零发送中断标志位
  Delay1s();
  j=_crol_(j,1);
  }
 }

}
void Delay1s()                //延时子程序
{

unsigned char i,j,k;
for(i=100;i>0;i--)
for(j=20;j>0;j--)
for(k=250;k>0;k--);
}
```

程序二（74LS165 与单片机组成的并入串出接口电路）

```
#define uchar unsigned char
#include < reg51.h >   // keil 的库函数，包括申明的寄存器
#include<intrins.h>
void Delay();                    // 申明一个延时子函数
void main()
   // C 语言程序开始执行的标志
{
 SCON=0X10;              //允许串行接收
 while(1)
 {
 P1_0=0;                  //并行数据置入
 P1_0=1;                  //关闭并行数据置入，开启移位
 if(RI==0);                //判断发送完毕中断标志位
 RI=0;                   //清零发送完毕中断标志位
 P0=SBUF;
 Delay();                  //调用 0.25s 延时
 }
}
void Delay()                  // 延时子函数
{
uchar i,j,k;
for(i=12;i>0;i--)
for(j=20;j>0;j--)
for(k=250;k>0;k--);
}
```

考考你自己

（1） 串行缓冲寄存器 SBUF 有什么作用？

（2） 简述串行控制寄存器 SCON 各位的名称、含义和功能。

（3） 如何区分串行通信中的发送中断和接收中断？

（4） 74LS165 与单片机组成的并入串出接口电路具体如何实现？

（5） 以 89C51 串行方式 1 为例，说明其串行发送和接收的工作过程。

项目十二　单片机记录开机次数设计
——I^2C 总线技术

愿你知多点

在我们生活中，经常使用各种 I^2C 总线产品，如 IC 卡、智能仪表、电视机等。那么，这些 I^2C 总线产品是如何制作的呢？在这一项目中，我们将通过完成“单片机记录开机次数”任务来学习 I^2C 总线的相关知识。

I^2C 总线应用实例如图 12-1 所示。

图 12-1　I^2C 总线应用实例

教学目的

掌握：I^2C 总线接口电路设计方法。
理解：I^2C 总线编程方法；I^2C 总线工作原理。
了解：I^2C 总线数据传送的模拟。

12.1 能力培养

本项目通过完成“单片机记录开机次数”任务，可以培养读者以下能力：

（1） 能使用 I^2C 总线器件 AT24C02；

（2） 能设计单片机记录开机次数电路；

（3） 能编写单片机 I^2C 总线数据模拟程序；

（4） 能编写单片机记录开机次数程序。

12.2 任务分析

要完成此项任务，需要掌握以下五方面知识：

（1） 如何使用 I^2C 总线；

（2） 如何使用 AT24C02；

（3） 如何设计单片机记录开机次数电路；

（4） 如何编写单片机 I^2C 总线数据模拟程序；

（5） 如何编写单片机记录开机次数程序。

下面将从这五方面进行学习。

12.3 如何使用 I^2C 总线

12.3.1 I^2C 总线

I^2C 总线(Inter-Integrated Circuit BUS)全称为集成电路总线，它是由 PHILIPS 公司开发的两线式串行总线，用于连接微控制器及其外围设备。I^2C 总线产生于 80 年代，最初为音频和视频设备开发，如今主要在服务器管理中使用，其中包括单个组件状态的通信。例如管理员可对各个组件进行查询，以管理系统的配置或掌握组件的功能状态，如电源和系统风扇。可随时监控内存、硬盘、网络、系统温度等多个参数，增加了系统的安全性，方便了管理。

I^2C 总线用两根线实现全双工同步数据传送，这样，利用 I^2C 总线设计单片机系统时，连线少，可靠性高，成本低，且 I^2C 总线外围器件不需要片选信号，支持热插拔。

I^2C 总线单片机的系统结构如图 12-2 所示。

图 12-2 中，SDA 是数据线，SCL 是时钟线，由于总线上的各节点都采用漏极开路结构与总线相连，因此，在 SCL、SDA 上都需接上拉电阻器。从图中可以看出，I^2C 总线系统中的外接器件都采用线“与”连接方式，这样总线在空闲状态下都保持高电平。I^2C 总线在标准模式下数据传送率可达 100Kb/s，高模式下可达 400Kb/s。

I^2C 总线有主从和多主两种工作方式。在主从方式中，从器件的地址（包括器件编号地址和引脚地址）由 I²C 总线委员会分配，引脚地址决定引脚外接电平，当器件内部有连续的子地址空间时，对这些空间进行 *n* 个字节的连续读、写，子地址会自动加 1。在主从方式的 I²C 总线系统中只需考虑主方式的 I²C 总线操作。本项目以主从工作方式为例介绍 I²C 总线的工作过程。

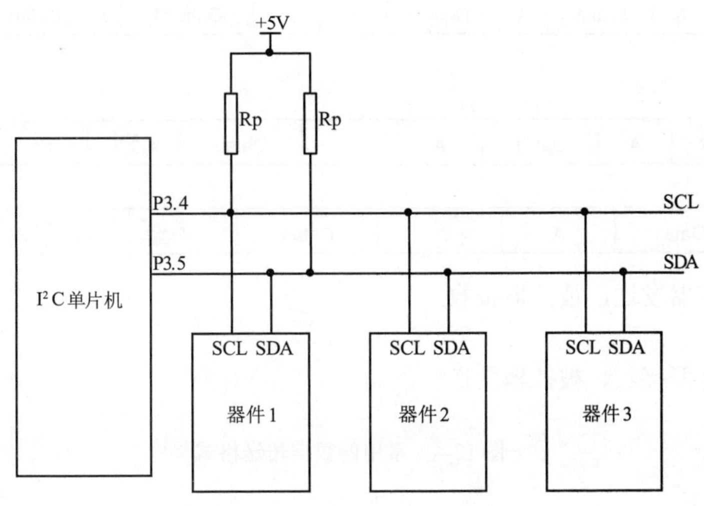

图 12-2　I²C 总线单片机系统结构

12.3.2　I²C 总线数据传送

I²C 总线上传送的每一个字节均为 8 位，并且高位在前。首先由起始信号启动 I²C 总线，其后为寻址字节，寻址字节由高 7 位地址和最低 1 位方向位组成，方向位表明主控器与被控器数据传送方向，方向位为“0”时表明主控器对被控器进行写操作，为 1 时表明主控器对被控器进行读操作，其后的数据传输字节数是没有限制的，每传送一个字节后都必须跟随一个应答位或非应答位，在全部数据传送结束后主控制器发送终止信号。图 12-3 所示给出了一次完整的数据传输过程。

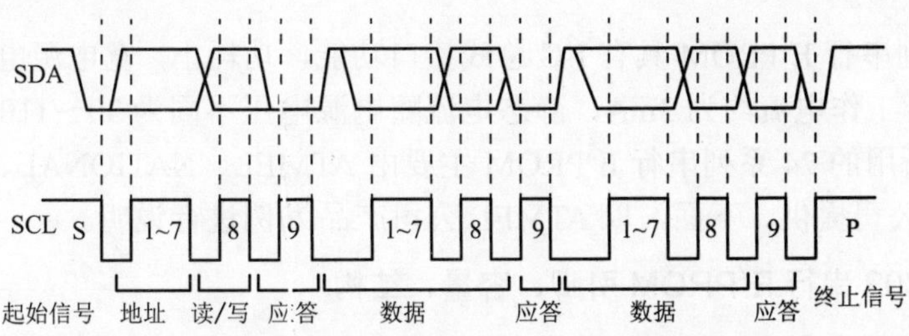

图 12-3　I²C 总线一次完整数据传输过程

I²C 总线上的数据传输有许多种读、写组合方式。几种常用的数据传送格式如图 12-4 所示。

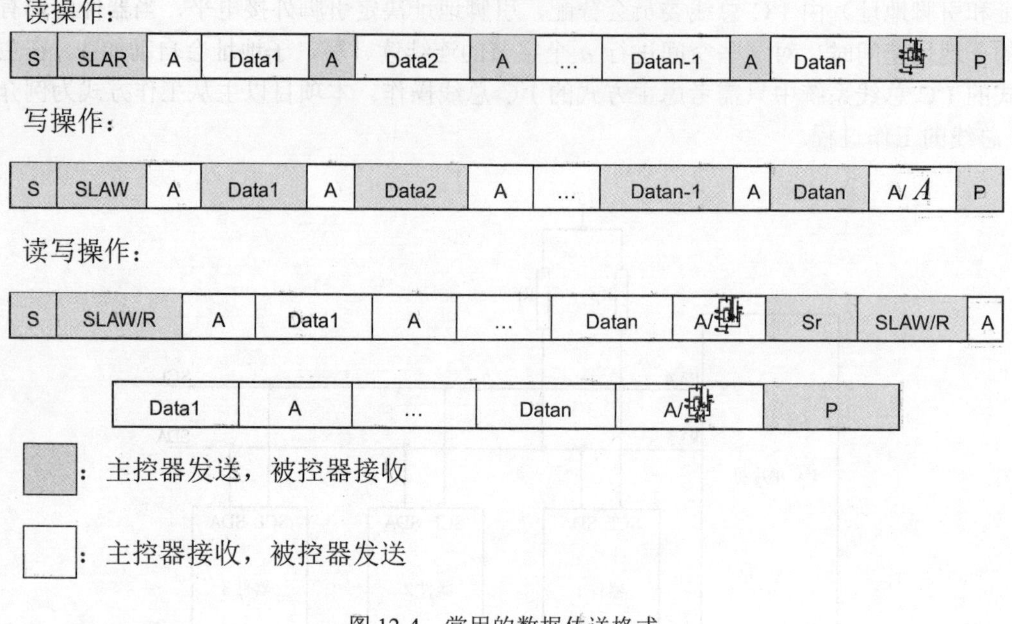

图 12-4　常用的数据传送格式

A：应答信号

$\bar{A}$：非应答信号

S：起始信号

Sr：重复起始信号

P：停止信号

SLAR：读寻址字节

SLAW：写寻址字节

Data1～Datan：被写入/读出的 n 个数据字节

在读/写操作中未注明数据传送方向的，其方向由寻址字节的方向位决定。

12.4　E²PROM 器件 AT24C02

AT24C 系列串行 E²PROM 具有 I²C 总线接口功能，功耗小，宽电源电压（根据不同型号 2.5～6.0V），工作电流约为 3mA，静态电流随电源电压不同为 30～110μA。

目前我国所用的 24 系列串行 E²PROM 主要由 ATMEL、NATIONAL、MICROCHIP、XICOR 等几家公司提供。下面，以 ATMEL 公司产品为例进行说明。

1. AT24C02 串行 E²PROM 引脚、容量、结构

AT24C02 目前我国应用最多的是 8 脚封装，如图 12-5 所示。

AT24C02 引脚说明如下：

A0，A1，A2：片选或页面选择地址输入端，用于对 E²PROM 器件地址编码，A0、A1、A2 组合不同的编码值，可以选中不同的芯片。

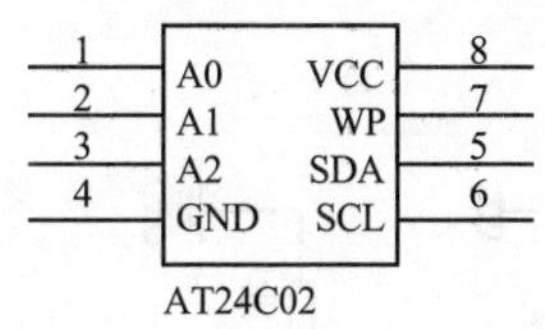

图 12-5　AT24C02 串行 E^2PROM 引脚图

SCL：串行时钟信号端，用于控制输入与输出数据的同步。写入串行 E^2PROM 的数据用 SCL 上升沿同步，输出数据用下降沿同步。

SDA：串行数据输入/输出端。由于漏极开路结构，因此在使用时该脚必须接一个约 10kΩ 的上拉电阻器。

WP：写保护，用于硬件数据保护功能。当该脚接地时，可对存储器进行正常地读/写操作。

Vcc：电源正端，+5V。

GND：电源地。

2. AT24C02 控制字

所有的串行 E^2PROM 芯片在接收到开始信号后都需要接收一个 8 位含有芯片地址的控制字（又称寻址字节），以确定本芯片是否被选通和将要进行的是读操作还是写操作。控制字格式是：高四位为器件类型识别符（不同的芯片类型有不同的定义，E^2PROM 一般应为 1010），接着三位为片选，也就是三个地址位，最后一位为读写控制位，当为 1 时为读操作，当为 0 时为写操作。

12.5　如何设计单片机记录开机次数电路

单片机记录开机次数电路如图 12-6 所示。

图 12-6 所示电路中，89C52 为单片机记录开机次数的控制中心；S1 为电路开关；AT24C02 为 E^2PROM 器件，用于存放记录开机次数数据；V5、V6 为共阴极数码管，用于显示单片机开机次数。

AT24C02 的器件地址是 1010，A0、A1、A2 为芯片地址位，按图 12-6 的连接方式，芯片地址为 000，因此，AT24C02 在系统中的寻址字节 SLAW=A0H，SLAR=A1H。

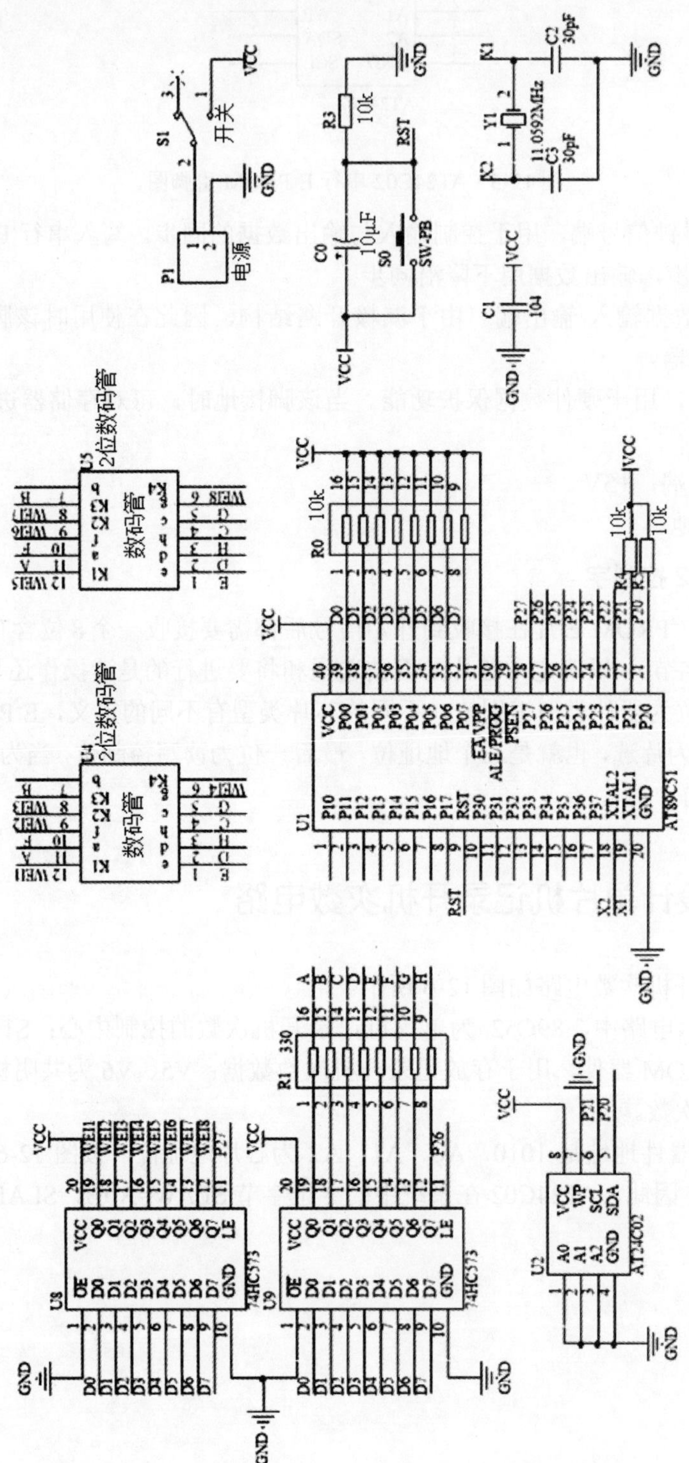

图 12-6　单片机记录开机次数电路

12.6 如何模拟单片机 I²C 总线数据

在标准 I²C 总线中，总线状态监测由硬件完成，用户无需介入，但是具有 I²C 总线接口的 MCS-51 单片机毕竟是少数，不带 I²C 总线的单片机其实也不必扩展 I²C 总线接口，只要通过软件模拟，就能像 I²C 总线接口的单片机一样使用。前面已经提到，大多数单片机应用系统中只有一个 CPU，这种单主系统如果采用 I²C 总线技术，则总线上只有单片机对 I²C 总线从器件的访问，没有总线的竞争等问题，因此只需要模拟主接收时序和主发送即可。

本项目利用 P2.1、P2.0 分别作为时钟线 SCL 和数据线 SDA，电路中晶振为 11.0592MHz。其 I²C 的驱动程序，具体如下。

#define DELAY_TIME 5

（1） I²C 总线中一些必要的延时函数（注：延时时间的长短根据单片机运行速度而定）。

函数原型：void i2c_delay(unsigned char i)

函数功能：I²C 总线中一些必要的延时。

```
void i2c_delay(unsigned char i)
{
    do
    {
        _nop_();
    }
    while(i--);
}
```

（2） 启动总线函数。

函数原型：void i2c_start(void)

函数功能：启动 I²C 总线，即发送 I²C 起始条件。

```
void i2c_start(void)
{
    sda = 1;
    scl = 1;
    i2c_delay(DELAY_TIME);
    sda = 0;
    i2c_delay(DELAY_TIME);
    scl = 0;
}
```

（3） 停止总线函数。

函数原型：void i2c_stop(void)

函数功能：停止 I²C 总线，即发送 I²C 停止条件。

```
void i2c_stop(void)
{
    sda = 0;
    scl = 1;
    i2c_delay(DELAY_TIME);
    sda = 1;
    i2c_delay(DELAY_TIME);
}
```

（4） 字节数据发送函数。

函数原型：void i2c_sendbyte(unsigned char byt)

函数功能：将数据 byt 发送出去，可以是数据，也可以是地址，发送完之后进入等待应答并对此状态位进行操作。发送数据正常，则 ack=1，反之，则 ack=0。

```
void i2c_sendbyte(unsigned char byt)
{
    unsigned char i;
    for(i=0; i<8; i++)
   {
    scl = 0;
    i2c_delay(DELAY_TIME);
    if(byt & 0x80) sda = 1;
    else  sda = 0;
    i2c_delay(DELAY_TIME);
    scl = 1;
    byt <<= 1;
    i2c_delay(DELAY_TIME);
    }
    scl = 0;
}
```

（5） 字节数据接收函数。

函数原型：unsigned char i2c_receivebyte(void)

函数功能：用来接收从器件传来的数据。

```
unsigned char i2c_receivebyte(void)
{
   unsigned char da;
   unsigned char i;
   for(i=0;i<8;i++)
{
    scl = 1;
    i2c_delay(DELAY_TIME);
    da <<= 1;
    if(sda)  da |= 0x01;
    scl = 0;
    i2c_delay(DELAY_TIME);
   }
   return da;
}
```

（6） 等待应答函数。

函数原型：unsigned char i2c_waitack(void)

函数功能：等待器件应答。

```
unsigned char i2c_waitack(void)
{
   unsigned char ackbit;
    scl = 1;
    i2c_delay(DELAY_TIME);
    ackbit = sda;
    scl = 0;
    i2c_delay(DELAY_TIME);
   return ackbit;
}
```

（7） 发送应答函数。

函数原型：void i2c_sendack(unsigned char ackbit)

函数功能：向器件发送应答。

```
void i2c_sendack(unsigned char ackbit)
{
    scl = 0;
    sda = ackbit;  //0：发送应答信号；1：发送非应答信号
    i2c_delay(DELAY_TIME);
    scl = 1;
    i2c_delay(DELAY_TIME);
    scl = 0;
   sda = 1;
    i2c_delay(DELAY_TIME);
}
```

（8） 向 AT24C02 的地址 add 中写入数据 val。

函数原型：void write_eeprom(unsigned char add,unsigned char val)

函数功能：向 AT24C02 的地址 add 中写入数据 val。

```
void write_eeprom(unsigned char add,unsigned char val)
{
    i2c_start();
    i2c_sendbyte(0xa0);
    i2c_waitack();
    i2c_sendbyte(add);
    i2c_waitack();
    i2c_sendbyte(val);
    i2c_waitack();
    i2c_stop();
   operate_delay(10);// 读写操作过程中一些必要的延时
}
```

（9） 从 AT24C02 地址 add 中读取数据 dat。

函数原型：unsigned char read_eeprom(unsigned char add)

函数功能：从 AT24C02 地址 add 中读取数据 dat。

```
unsigned char read_eeprom(unsigned char add)
{
   unsigned char dat;
   i2c_start();
   i2c_sendbyte(0xa0);
   i2c_waitack();
   i2c_sendbyte(add);
   i2c_waitack();
   i2c_start();
   i2c_sendbyte(0xa1);
   i2c_waitack();
   dat = i2c_receivebyte();
   i2c_sendack(0);
   i2c_stop();
   return dat;
}
```

12.7 如何编写单片机记录开机次数的程序

要编写单片机记录开机次数程序，必须解决数码管显示、定时器的配置和 AT24C02 的操作三方面的问题。

12.7.1 程序流程图设计

程序流程图如图 12-7 所示。

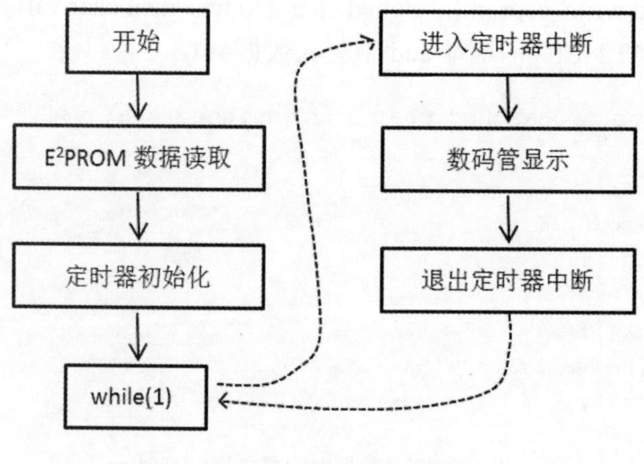

图 12-7 程序流程图

12.7.2　程序清单

```
#include "reg52.h"   //定义 52 单片机特殊功能寄存器
#include "i2c.h"    //I2C 总线驱动库
#define uchar unsigned char
#define uint  unsigned int
uchar code leddata[18]={0x3F,0x06,0x5B,0x4F,
0x66,0x6D,0x7D,0x07,
0x7F,0x6F,0x77,0x7C, 0x39,0x5E,0x79,0x71,
0x40,0x00};//0-9,A-F,"-",熄灭
uchar dspbuf[8] = {17,17,17,17,17,0,0,0};  //显示缓冲区
uchar dspcom = 0;
sbit we = P2^7;
sbit du = P2^6;

void timer0_init(void);
void smg_display(void);

//主函数
void main(void)
{
//开机次数存储 (最大存储值 255)
uchar reset_cnt = 0;
//EEPROM 中存储的数据需要进行初始化
//write_eeprom(0x00,0x00);
//从 AT24C02 地址 0x00 中读取数据
reset_cnt = read_eeprom(0x00);
reset_cnt++;
//向 AT24C02 地址 0x00 中写入数据
write_eeprom(0x00,reset_cnt);
   //更新显示数据
    dspbuf[5] = reset_cnt/100;
    dspbuf[6] = reset_cnt%100/10;
    dspbuf[7] = reset_cnt%10;
   timer0_init();
    while(1);
}

//定时器初始化
void timer0_init(void)
{
   TMOD |= 0x01;           //配置定时器工作模式
    TH0 = (65536-2000)/256;
    TL0 = (65536-2000)%256;
    EA = 1;
    ET0 = 1;               //打开定时器中断
```

```
    TR0 = 1;                //启动定时器
}

//定时器中断服务函数
void isr_timer_0(void)  interrupt 1  //默认中断优先级 1
{
    TH0 = (65536-2000)/256;
    TL0 = (65536-2000)%256;     //定时器重载
    smg_display();
}

//显示函数
void smg_display(void)
{
    we = 1;                 //打开位选
    du = 0;                 //关闭段选端

    P0 |=0xff;
    P0 &= ～(1<<dspcom);//八位数码管全显示

    we = 0;                 //锁存位选
    du = 1;                 //打开段选端

    P0 &= 0x00;
    P0 = leddata[dspbuf[dspcom]];//数码管显示

    if(++ dspcom >= 8){
        dspcom = 0;
    }
}
```

注意：I^2C 总线信号模拟子程序与前一小节所列举的程序相同，因篇幅限制，这里不再给出。

考考你自己

（1） 简述 I^2C 串行总线数据传送过程。

（2） 在 I^2C 总线中，为什么要接上拉电阻器？

（3） 简述 AT24C02 芯片各引脚功能。

项目十三　多功能温度计设计

——液晶显示温度计

愿你知多点

液晶显示器（LCD）在各种便携式仪器仪表、智能电器和消费电子等领域有着广泛的应用。它具有功耗低、体积小、质量轻、超薄和可编程驱动等优点。在这一项目中，我们将通过完成“液晶显示温度计”任务来学习 LCD 显示器的显示方法及相关知识。

液晶显示温度计实物如图 13-1 所示。

图 13-1　液晶显示温度计实物

教学目的

了解：LCD1602 液晶模块引脚功能及电路连接。
理解：LCD1602 液晶显示工作原理。
掌握：LCD1602 液晶显示控制程序设计方法。

13.1 能力培养

本项目通过完成“液晶显示温度计”任务，可以培养读者以下能力：

（1） 能识别液晶显示器类型和引脚；

（2） 能正确使用液晶显示器 LCD1602；

（3） 能应用 LCD 显示相关信息。

13.2 任务分析

要完成此项任务，需要掌握以下三方面知识：

（1） 如何使用 LCD1602；

（2） 如何设计 LCD1602 与单片机接口电路；

（3） 如何设计 LCD1602 显示程序。

下面将从这三方面进行学习。

13.3 如何使用 LCD1602

字符型液晶显示模块是由字符型液晶显示屏 LCD、控制驱动主电路 HD44780/KS0066 及其扩展驱动电路 HD44100 与其兼容的 IC，以及少量阻容元件结构件等装配在 PCB 板上组成的。字符型液晶显示模块目前在国际上已经规范化，无论显示屏规格如何变化，其电特性和接口形式都是统一的。因此只要设计出一种型号的接口电路，在指令设置上稍加改动即可使用各种规格的字符型液晶显示模块。

LCD1602 模块正面图如图 13-2 所示。

T1602M02B 16x2 行字符

蓝底白字

黄绿底黑字

图 13-2 LCD1602 模块正面图

LCD1602 模块背面图如图 13-3 所示。

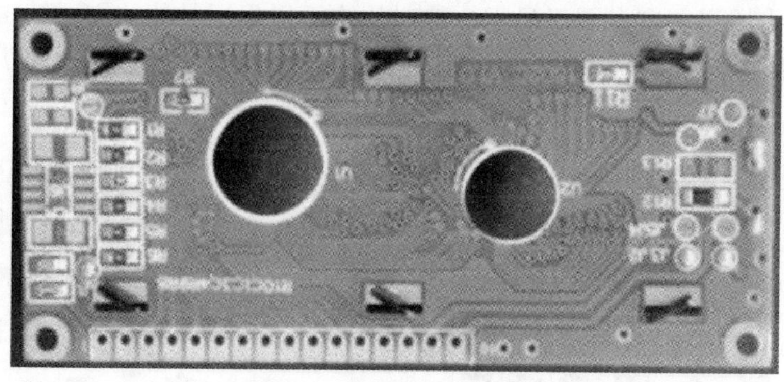

图 13-3　LCD1602 模块背面图

LCD1602 液晶显示屏是由若干个 5×7/8 或 5×10/11 点阵块组成的显示字符群，每个点阵块为一个字符位，字符间距和行距都为一个点的宽度；主控制驱动 IC 为 HD44780 及其他公司全兼容 IC；具有字符发生器 ROM，可显示 192 种字符，160 个 5×7 点阵字符和 32 个 5×10 点阵字符；具有 64 个字节的自定义字符 RAM ，可自定义 8 个 5×8 点阵字符或 4 个 5×11 点阵字符；具有 80 个字节的 RAM；标准的接口特性，适配 M6800 系列 MPU 的操作时序；模块结构紧凑轻巧装配容易；单+5V 电源供电；低功耗、长寿命、高可靠性。

液晶显示模块是一个慢显示器件，所以在执行每条指令之前一定要确认模块的忙标志为低电平，表示不忙，否则此指令失效。要显示字符时，先输入显示字符地址，也就是告诉模块在哪里显示字符，图 13-4 所示的为内部显示地址。

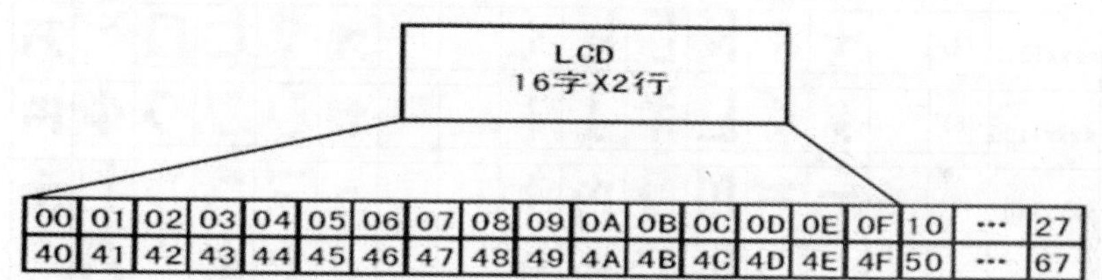

图 13-4　内部显示地址

例如第二行第一个字符的地址是 40H，那么是否直接写入 40H 就可以将光标定位在第二行第一个字符的位置呢？这样不行，因为写入显示地址时要求最高位 D7 恒定为高电平 1，所以实际写入的数据应该是 01000000B（40H）+10000000B(80H)=11000000B(C0H)。

在对液晶模块的初始化中要先设置其显示模式，在液晶模块显示字符时光标是自动右移的，无需人工干预。每次输入指令前都要判断液晶模块是否处于忙的状态。

字符显示的原理是 LCD 主控制驱动器的内部内嵌了一个字符发生存储器（CGROM)，它里面已经存储了 192 个不同的点阵字符图形，如图 13-5 所示。这些字符有：阿拉伯数字、英文字母的大小写、常用的符号和日文假名等，每一个字符都有一个固定的代码。比如数字“5”的代码是如图 13-5 中高位 0011+低位 0101=00110101B（35H)，又如大写的英文字母“A”的代码是 01000001B（41H）。 比如在显示“5”时，则只需将 ASCII 码 35H 存入 DDRAM 的某个位置即可。显示时模块把地址 35H 中的点阵字符图形在我们设定的显示位置上显示出来，就能看到数字“5”了。至于 1602LCD 两行 16 个字符的显示位置的定义如图 13-4 所示。1602 液晶显示模块还支持不采用控制器内部的字符发生存储器（CGROM）而由用户自定义图形显示。这时用户可以根据具体的需要编辑所需图形代码并存入 CGRAM 中，然后再把编辑的代码从 CGRAM 中写入需要显示的位置 DDRAM 中即可。

Upper 4 Bit / Lower 4 Bit	0000	0001	0010	0011	0100	0101	0110	0111	1000	1001	1010	1011	1100	1101	1110	1111
xxxx0000	CG RAM (1)			0	@	P	`	p				ー	タ	ミ	α	p
xxxx0001	(2)		!	1	A	Q	a	q			。	ア	チ	ム	ä	q
xxxx0010	(3)		"	2	B	R	b	r			「	イ	ツ	メ	β	θ
xxxx0011	(4)		#	3	C	S	c	s			」	ウ	テ	モ	ε	∞
xxxx0100	(5)		$	4	D	T	d	t			、	エ	ト	ヤ	μ	Ω
xxxx0101	(6)		%	5	E	U	e	u			・	オ	ナ	ユ	σ	ü
xxxx0110	(7)		&	6	F	V	f	v			ヲ	カ	ニ	ヨ	ρ	Σ
xxxx0111	(8)		'	7	G	W	g	w			ァ	キ	ヌ	ラ	g	π
xxxx1000	(1)		(	8	H	X	h	x			ィ	ク	ネ	リ	√	x̄
xxxx1001	(2)		)	9	I	Y	i	y			ゥ	ケ	ノ	ル	⁻¹	y
xxxx1010	(3)		*	:	J	Z	j	z			ェ	コ	ハ	レ	j	千
xxxx1011	(4)		+	;	K	[	k	{			ォ	サ	ヒ	ロ	ˣ	万
xxxx1100	(5)		,	<	L	¥	l	|			ャ	シ	フ	ワ	¢	円
xxxx1101	(6)		-	=	M	]	m	}			ュ	ス	ヘ	ン	£	÷
xxxx1110	(7)		.	>	N	^	n	→			ョ	セ	ホ	゛	ñ	
xxxx1111	(8)		/	?	O	_	o	←			ッ	ソ	マ	゜	ö	█

图 13-5　点阵字符图形

LCD1602 模块引脚顺序：在图 13-3 所示背面图中，插针左边为引脚 1，最右边为引脚 16。

13.4　如何设计 LCD1602 与单片机接口电路

LCD1602 模块引脚功能如表 13-1 所示，与单片机连接时有两种方式，如图 13-6 所示。

表 13-1　LCD1602 模块引脚功能表

引脚编号	引脚名称	功能作用
1	Vss	接地
2	Vcc	电源
3	Vee	对比度电压调整
4	RS	数据/指令选择
5	R/W	读/写
6	E	使能端
7	DB0	数据总线 0
8	DB1	数据总线 1
9	DB2	数据总线 2
10	DB3	数据总线 3
11	DB4	数据总线 4
12	DB5	数据总线 5
13	DB6	数据总线 6
14	DB7	数据总线 7
15	A	LCD 背光电源正极
16	K	LCD 背光电源负极

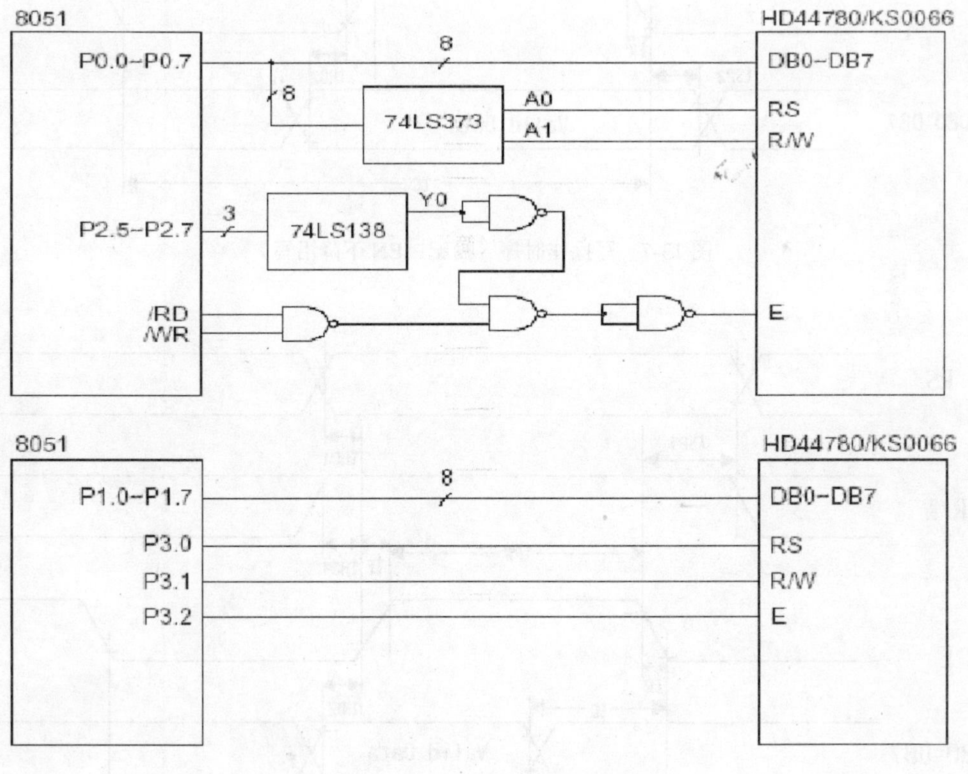

图 13-6　字符液晶与 MPU 连接示例图

本设计中采用图 13-6 中的第二种连接方式。

13.5 如何设计 LCD1602 显示程序

LCD1602 控制器按规定时序要求完成读写等操作，如图 13-7 和图 13-8 所示分别是其写、读操作时序，表 13-2 所示是 LCD1602 控制器（HD44780）指令表。

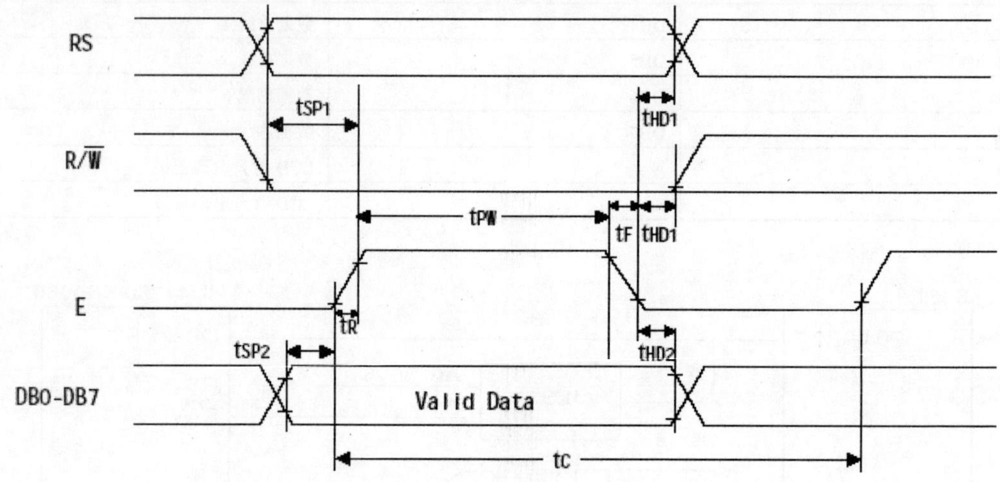

图 13-7 写操作时序（简记：EN 下降沿写）

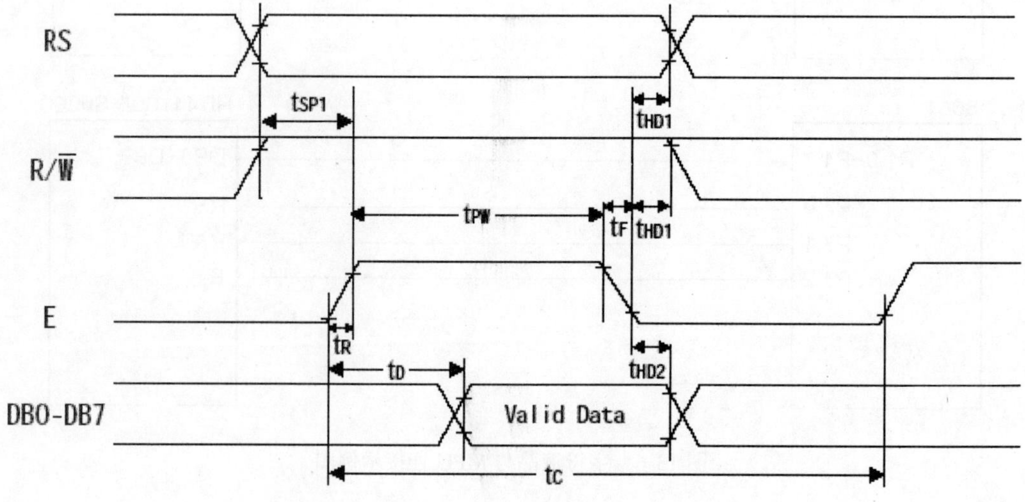

图 13-8 读操作时序（简记：EN 上升沿读）

表 13-2　HD44780 指令表

RS	RW	DB7…………DB0	功　能	指　令
0	0	0 0 0 0 0 0 0 1	清屏；清DDRAM 和AC 值	01H
0	0	0 0 0 0 0 0 1*	归位；当AC=0 时，光标、画面回HOME 位	02H
0	0	0 0 0 0 0 1X *	设置光标；数据读写操作后，X=0 AC 自动减一，X=1 AC 自动增一	06H
0	0	0 0 0 0 0 1 * X	画面移动方式；数据读写操作，X=0 画面不动，X=1 画面平移	
0	0	0 0 0 0 1 D C B	功能是设置显示、光标及闪烁开、关	0CH
0	0	D	D=1 为开显示，D=0 为关显示	08H
0	0	C	C 表示光标开关：C=1 为开，C=0 为关	
0	0	B	B 表示闪烁开关：B=1 为开，B=0 为关	
0	0	0 0 0 1 S/C R/L**	使光标、画面移动;不影响DDRAM	
0	0	S/C	S/C=1：画面平移一个字符位；S/C=0：光标平移一个字符位	
0	0	R/L	R/L=1：右移；R/L=0：左移	
0	0	0 0 1 DL N F **	功能是设置工作方式（初始化指令）	38H
0	0	DL	DL=1，8 位数据接口；DL=0，四位数据接口	
0	0	N	N=1，两行显示；N=0，一行显示	
0	0	F	F=1，5　10 点阵字符；F=0，5　7 点阵字符	
0	0	01A5A4A3A2A1A0	设置CGRAM 地址。A5～A0=0～3FH	
0	0	1A6A5A4A3A2A1A0	设置DDRAM 地址	
0	0		N=0，一行显示A6～A0=0～4FH	
0	0		N=1，两行显示，首行A6～A0=00H～2FH，次行A6～A0=40H～64FH	
0	1	BFAC6………..AC0	AC 值意义为最近一次地址设置（CGRAM 或DDRAM）定义	
0	1	BF	BF=1 表示忙	
0	1	BF	B F=0 表示准备好	
1	0	数　据	将地址码写入 DDRAM 以使 LCD 显示出相应的图形或将用户自创的图形存入CGRAM 内	
1	1	数　据	根据最近设置的地址性质，从 DDRRAM 或CGRAM 数据读出	
注：指令码执行时间除第 1、2 条指令约需要 2 毫秒外，其他约需要 50 微秒，详情请查阅数据手册				

电路包含单片机最小系统模块、液晶 LCD1602 模块、按键模块、DS18B20 模块、LED 指示模块等电路。主要功能为通过 LCD1602 显示 DS18B20 温度模块的温度值，通过按键可以设置温度的最高值和最低值，当模块温度超限时，LED 指示模块报警。

仿真原理图如图 13-9 所示。

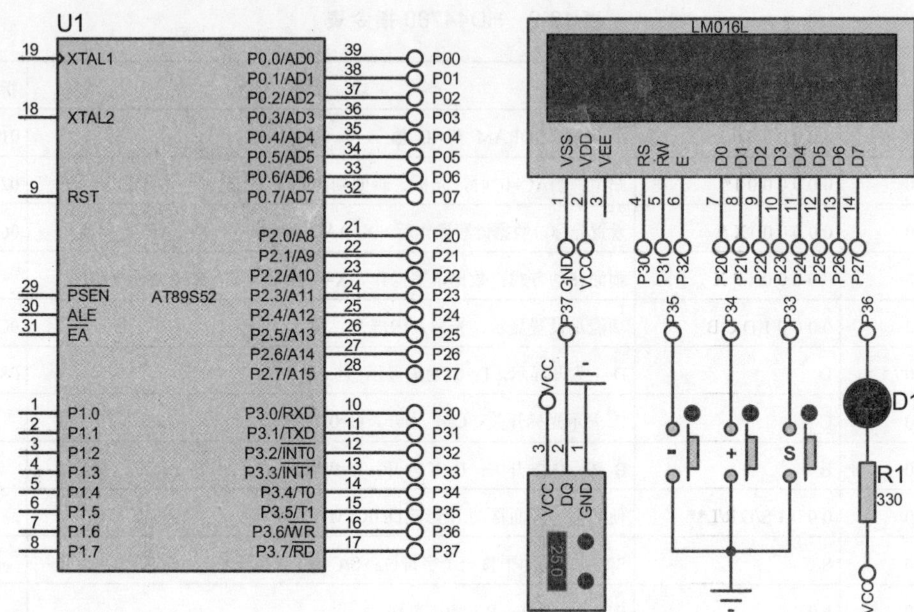

图 13-9　仿真原理图

程序采用模块化设计，每个模块完成相对独立的功能，一共分为四个模块：LCD1602 显示模块、DS18B20 温度模块、按键模块、LED 指示模块。

参考程序

主程序流程图如图 13-10 所示。

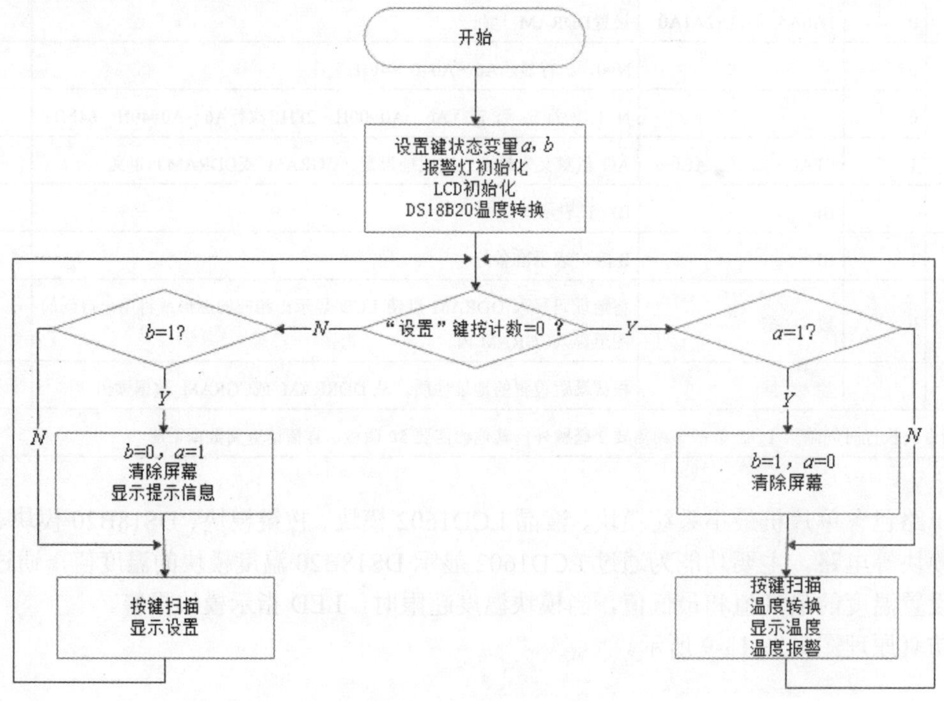

图 13-10　主程序流程图

```
//Delay.c
/*-----------------------------------------------------------------------
| 程序作者：user
| 版 本 号：V1.0
| 编写时间：2016-01-01
| 其他说明：无
-----------------------------------------------------------------------*/
#include "Delay.h"

/*-----------------------------------------------------------------------
| 函数功能：延时毫秒级函数
| 传入参数：UINT n
| 返 回 值：无
| 其他说明：无
-----------------------------------------------------------------------*/
void DelayMs(UINT n)
{
   UINT x,y;
   for(x = n; x > 0;x--)
   for(y = 110; y > 0;y--);
}

/*-----------------------------------------------------------------------
| 函数功能：微秒级延时函数
| 传入参数：UCHAR t
| 返 回 值：无
| 其他说明：无
-----------------------------------------------------------------------*/
void DelayUs(UCHAR t)
{
   while(t--);
}

//Delay.h
/*-----------------------------------------------------------------------
| 程序作者：user
| 版 本 号：V1.0
| 编写时间：2016-01-01
| 其他说明：无
-----------------------------------------------------------------------*/
#ifndef _DELAY_H_
#define _DELAY_H_

#include "Macro.h"

extern void DelayMs(UINT n); //毫秒级延时函数
extern void DelayUs(UCHAR t);//延时微秒级函数

#endif
```

```
//DS18B20.c
/*---------------------------------------------------------------------
| 程序作者：user
| 版 本 号：V1.0
| 编写时间：2016-01-01
| 其他说明：无
---------------------------------------------------------------------*/
#include "DS18B20.h"

UINT Temp_Value;         //温度值
bit Temp_Flag;       //温度正负标志

/*---------------------------------------------------------------------
| 函数功能：DS18B20 初始化函数
| 传入参数：无
| 返 回 值：无
| 其他说明：无
---------------------------------------------------------------------*/
```

DS18B20 复位时序如图 13-11 所示。

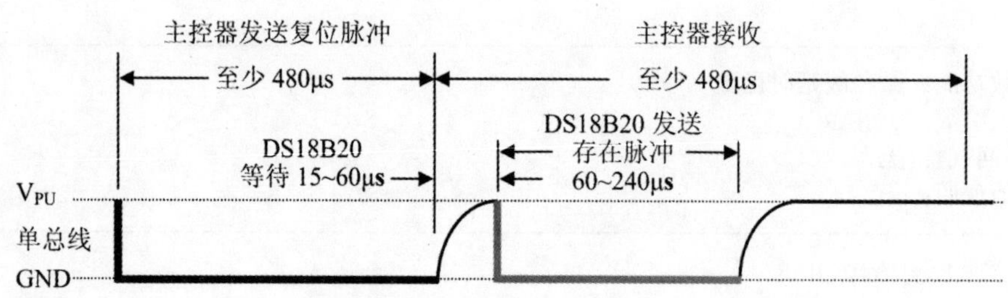

图 13-11　DS18B20 复位时序

```
/*----------------------------------------------------------------------------+
| 初始化时序：                                                                 |
| ① 主机拉低总线 480～960μs，随后拉高总线，即发送一个复位脉冲，                   |
|    然后进入接收模式（等待接收存在脉冲）                                        |
| ② 从机检测到复位脉冲上升沿后等待 15～60μs，拉低总线 60～240μs，                 |
|    随后拉高总线，即发送一个存在脉冲，直至时隙结束                               |
| ③ 主机和从机时隙至少为 480μs（480～960μs）                                    |
+----------------------------------------------------------------------------*/
```

```
void DS18B20Initialise(void)
{
  DS18B20_DQ = 1;
  DelayUs(4);
  DS18B20_DQ = 0;
  DelayUs(80);
  DS18B20_DQ = 1;
```

```
    DelayUs(200);
}

/*------------------------------------------------------------
| 函数功能：DS18B20 写操作函数
| 传入参数：UCHAR Data
| 返 回 值：无
| 其他说明：无
------------------------------------------------------------*/
```

DS18B20 写时序如图 13-12 所示。

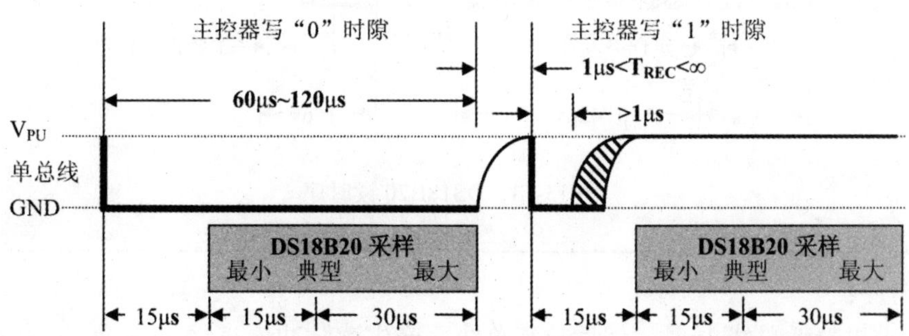

图 13-12　DS18B20 写时序

```
/*-----------------------------------------------------------------------+
| 写时序：                                                                |
| ① 主机拉低总线 15μs+，然后写入一个数据，从最低位开始，                   |
|    持续时间至少 60μs，之后释放总线                                       |
| ② 所有写时隙至少 60μs，并且各读时隙间至少有 1μs+的恢复时间               |
+-----------------------------------------------------------------------*/
```

```
void DS18B20Write(UCHAR Data)
{
   UCHAR i;
   for(i = 0; i < 8; i++)
   {
    DS18B20_DQ = 0;
    DS18B20_DQ = Data & 0x01;
    DelayUs(15);
    DS18B20_DQ = 1;
    Data = Data >> 1;
   }
   DelayUs(10);
}

/*------------------------------------------------------------
| 函数功能：DS18B20 读操作函数
```

```
| 传入参数：无
| 返 回 值：UCHAR Readed
| 其他说明：无
-------------------------------------------------------------------*/
```

DS18B20 读时序如图 13-13 所示。

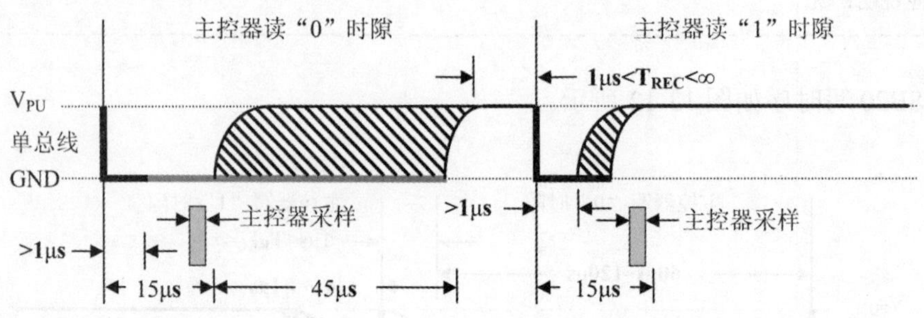

图 13-13　DS18B20 读时序

```
/*-----------------------------------------------------------------------+
| 读时序：                                                                |
| ① 主机拉低总线 1μs+，然后拉高总线，产生读脉冲，                           |
|    此脉冲时间必须小于 15μs                                               |
| ② 从机在检测到主机读脉冲上升沿后输出数据，数据仅持续 15μs 有效              |
| ③ 所有读时隙至少 60μs，并且各读时隙间至少有 1μs+的恢复时间                 |
+-----------------------------------------------------------------------*/

UCHAR DS18B20Read(void)
{
   UCHAR i = 0,Readed = 0;
   for(i = 0; i < 8; i++)
   {
    DS18B20_DQ = 0;
    Readed = Readed >> 1;
    DS18B20_DQ = 1;
    if(DS18B20_DQ)
    Readed = Readed | 0x80;
    DelayUs(10);
   }
   return Readed;
}

/*-------------------------------------------------------------------
| 函数功能：DS18B20 读温度函数
| 传入参数：无
| 返 回 值：UINT Temp_Value
| 其他说明：无
-------------------------------------------------------------------*/
```

```
UINT DS18B20ChgTemp(void)
{
  UCHAR Temp_L; //温度值低字节
  UCHAR Temp_H; //温度值高字节

  DS18B20Initialise();      //初始化
  DS18B20Write(0xcc);       //跳过ROM匹配
  DS18B20Write(0x44);       //温度转换
  DS18B20Initialise();      //初始化
  DS18B20Write(0xcc);       //跳过ROM匹配
  DS18B20Write(0xbe);       //读寄存器
  Temp_L = DS18B20Read();  //温度值低字节
  Temp_H = DS18B20Read();  //温度值高字节
  Temp_Value = Temp_H;
  Temp_Value = Temp_Value << 8;
  Temp_Value = Temp_Value | Temp_L;
  if(Temp_H & 0x80) //温度为负值
  {
   Temp_Flag=1;
   Temp_Value = (~Temp_Value) + 1;
  }
  else //温度为正值
  {
   Temp_Flag = 0;
  }
  Temp_Value = Temp_Value * (0.0625 * 10);
  return Temp_Value;
}

//DS18B20.h
/*---------------------------------------------------------------
| 程序作者：user
| 版 本 号：V1.0
| 编写时间：2016-01-01
| 其他说明：无
---------------------------------------------------------------*/
#ifndef _DS18B20_H_
#define _DS18B20_H_

#include <Reg51.h>
#include "Macro.h"
#include "Delay.h"

sbit DS18B20_DQ = P3 ^ 7;    //DS18B20引脚

extern UINT Temp_Value; //温度值
extern bit Temp_Flag;        //温度正负标志

extern void DS18B20Initialise(void);          //DS18B20初始化函数
extern void DS18B20Write(UCHAR Data); //DS18B20写操作函数
```

```
extern UCHAR DS18B20Read(void);     //DS18B20 读操作函数
extern UINT DS18B20ChgTemp(void);       //DS18B20 读温度函数

#endif

//Key.c
/*-----------------------------------------------------------------------
| 程序作者：user
| 版 本 号：V1.0
| 编写时间：2016-01-01
| 其他说明：无
-----------------------------------------------------------------------*/
#include "Key.h"

UCHAR Key_Set_Count; //"设置"键计数变量
SCHAR Temp_Max = 45; //最高温度值
SCHAR Temp_Min = -10; //最低温度值

void KeyScan(void)
{
  if(KEY_SET == 0) //“设置”键
  {
   DelayMs(100);
   if(KEY_SET == 0)
   {
    Key_Set_Count++;
    if(Key_Set_Count > 2) {Key_Set_Count = 0;}
    while(KEY_SET == 0);
   }
  }

  if(KEY_ADD == 0) //“加”键
  {
   DelayMs(100);
   if(KEY_ADD == 0)
   {
    if(Key_Set_Count == 1) {Temp_Max++;}
    if(Temp_Max > 99) {Temp_Max = 99;}
    if(Key_Set_Count == 2) {Temp_Min++;}
    if(Temp_Min > 99) {Temp_Min = 99;}
    while(KEY_ADD==0);
   }
  }

  if(KEY_SUB == 0) //“减”键
  {
   DelayMs(100);
   if(KEY_SUB == 0)
   {
    if(Key_Set_Count == 1) {Temp_Max--;}
```

```
        if(Temp_Max < -55) {Temp_Max = -55;}
        if(Key_Set_Count == 2) {Temp_Min--;}
        if(Temp_Min < -55) {Temp_Min = -55;}
        while(KEY_SUB == 0);
      }
    }
}

//Key.h
/*-----------------------------------------------------------------------
| 程序作者：user
| 版 本 号：V1.0
| 编写时间：2016-01-01
| 其他说明：无
-----------------------------------------------------------------------*/
#ifndef _KEY_H_
#define _KEY_H_

#include <Reg51.h>
#include "Macro.h"
#include "Delay.h"

sbit KEY_SET = P3 ^ 3;   //“设置”键
sbit KEY_ADD = P3 ^ 4; //“加”键
sbit KEY_SUB = P3 ^ 5; //“减”键

extern UCHAR Key_Set_Count;      //"设置"键计数变量
extern SCHAR Temp_Max;       //最高温度值
extern SCHAR Temp_Min;       //最低温度值

extern void KeyScan(void); //按键扫描函数

#endif

//LCD1602.c
/*-----------------------------------------------------------------------
| 程序作者：user
| 版 本 号：V1.0
| 编写时间：2016-01-01
| 其他说明：无
-----------------------------------------------------------------------*/
#include "Lcd1602.h"

/*-----------------------------------------------------------------------
| 函数功能：LCD 写指令函数
| 传入参数：UCHAR Cmd
| 返 回 值：无
| 其他说明：无
-----------------------------------------------------------------------*/
void LcdWriteCmd(UCHAR Cmd)
```

```
{
   LCD_RS = 0;
   LCD_DATA = Cmd;
   DelayMs(5);
   LCD_EN = 1;
   DelayMs(5);
   LCD_EN = 0;
}

/*------------------------------------------------------------------------
| 函数功能：LCD 写数据函数
| 传入参数：UCHAR Data
| 返 回 值：无
| 其他说明：无
------------------------------------------------------------------------*/
void LcdWriteData(UCHAR Data)
{
   LCD_RS = 1;
   LCD_DATA = Data;
   DelayMs(5);
   LCD_EN = 1;
   DelayMs(5);
   LCD_EN = 0;
}

/*------------------------------------------------------------------------
| 函数功能：LCD 初始化函数
| 传入参数：无
| 返 回 值：无
| 其他说明：无
------------------------------------------------------------------------*/
void LcdInitialise(void)
{
   LCD_EN = 0;
   LCD_RW = 0;
   LcdWriteCmd(0x38);
   LcdWriteCmd(0x0c);
   LcdWriteCmd(0x06);
   LcdWriteCmd(0x01);
}

//LCD1602.h
/*------------------------------------------------------------------------
| 程序作者：user
| 版 本 号：V1.0
| 编写时间：2016-01-01
| 其他说明：无
------------------------------------------------------------------------*/
#ifndef _LCD1602_H_
#define _LCD1602_H_
```

```
#include <Reg51.h>
#include "Macro.h"
#include "Delay.h"

#define LCD_DATA P2 //数据端口
sbit LCD_RS = P3 ^ 0;   //数据指令选择端
sbit LCD_RW = P3 ^ 1;   //读写控制端
sbit LCD_EN = P3 ^ 2;   //使能端

extern void LcdWriteCmd(UCHAR Cmd);//LCD写指令函数
extern void LcdWriteData(UCHAR Data);  //LCD写数据函数
extern void LcdInitialise(void);           //LCD初始化函数

#endif

//LED.c
#include "Led.h"

/*------------------------------------------------------------------
| 函数功能：超限报警指示函数
| 传入参数：UINT t
| 返 回 值：无
| 其他说明：无
------------------------------------------------------------------*/
void TempAlarm(UINT t)
{
   int Tmp;
   t = t * 0.1;
   if(Temp_Flag == 0) {Tmp = t;}
   if(Temp_Flag == 1) {Tmp = ~t + 1;}
   if((Tmp > Temp_Max) | (Tmp < Temp_Min))
   {
    WARNING_LED = 0;
   }
   else
   {
    WARNING_LED = 1;
   }
}

//LED.h
#ifndef _LED_H_
#define _LED_H_

#include <Reg51.h>
#include "Macro.h"
#include "Key.h"
#include "DS18B20.h"
```

```
sbit WARNING_LED = P3 ^ 6;  //LED报警灯

extern void TempAlarm(UINT t); //超限报警指示函数

#endif

//Macro.h
#ifndef _MACRO_H_
#define _MACRO_H_

#define UINT unsigned int       //无符号整型
#define UCHAR unsigned char //无符号字符型
#define SCHAR signed char       //有符号字符型

#endif

//Main.c
/*----------------------------------------------------------------------
| 程序作者：user
| 版 本 号：V1.0
| 编写时间：2016-01-01
| 其他说明：无
----------------------------------------------------------------------*/
#include "Main.h"


/*----------------------------------------------------------------------
| 函数功能：LCD显示温度函数
| 传入参数：无
| 返 回 值：无
| 其他说明：无
----------------------------------------------------------------------*/
void LcdDisplayTemp(void)
{
   UCHAR i;

   LcdWriteCmd(0x80); //第一行第一个字符位置
    for(i = 0; i < sizeof(Now_Temp_Tips); i++)
   {
    LcdWriteData(Now_Temp_Tips[i]);
   }

   if(Temp_Flag == 1) {LcdWriteData(0xb0);}          //负值显示“-”
   if(Temp_Flag == 0) {LcdWriteData('+');}           //正值显示“+”
   LcdWriteData((Temp_Value / 100) + 0x30);          //十位数
   LcdWriteData(((Temp_Value % 100) / 10) + 0x30); //个位数
   LcdWriteData(0x2e);                             //小数点"."
   LcdWriteData(Temp_Value % 10 + 0x30);             //小数
   LcdWriteData(0xdf);                             //显示“°”
   LcdWriteData(0x43);                             //显示“C”
```

```
}

/*--------------------------------------------------------------------
| 函数功能：LCD 显示设置界面函数
| 传入参数：无
| 返 回 值：无
| 其他说明：无
--------------------------------------------------------------------*/
void LcdDisplaySetTips(void)
{
   UCHAR i;

   LcdWriteCmd(0x80); //第一行第一个字符位置
   for(i = 0; i < sizeof(Temp_Max_Tips); i++)
   {
    LcdWriteData(Temp_Max_Tips[i]);
   }

   LcdWriteCmd(0xc0); //第二行第一个字符位置
   for(i = 0; i < sizeof(Temp_Min_Tips); i++)
   {
    LcdWriteData(Temp_Min_Tips[i]);
   }
}

/*--------------------------------------------------------------------
| 函数功能：LCD 显示设置界面函数
| 传入参数：无
| 返 回 值：无
| 其他说明：无
--------------------------------------------------------------------*/
void LcdDisplaySet(SCHAR T_Max,SCHAR T_Min)
{
   UCHAR x1,x2,x3,x4;
   UCHAR T_Max_Flag,T_Min_Flag;

   if(T_Max < 0)
   {
    T_Max_Flag = 1;
    T_Max = -T_Max;
   }
   else
   {
    T_Max_Flag = 0;
   }

   if(T_Min < 0)
   {
    T_Min_Flag = 1;
    T_Min = -T_Min;
```

```
    }
    else
    {
     T_Min_Flag=0;
    }

    x1 = T_Max / 10;  //最大值十位
    x2 = T_Max % 10;  //最大值个位
    x3 = T_Min / 10;  //最小值十位
    x4 = T_Min % 10;  //最小值个位

    LcdWriteCmd(0x80 + sizeof(Temp_Max_Tips));

    if(T_Max_Flag == 1) LcdWriteData('-');
    else LcdWriteData('+');
    LcdWriteData(x1 + 0x30);
    LcdWriteData(x2 + 0x30);
    LcdWriteData(0xdf); //显示“°”
    LcdWriteData(0x43); //显示“C”

    LcdWriteCmd(0xc0 + sizeof(Temp_Min_Tips));
    if(T_Min_Flag == 1) LcdWriteData('-');
    else LcdWriteData('+');
    LcdWriteData(x3 + 0x30);
    LcdWriteData(x4 + 0x30);
    LcdWriteData(0xdf); //显示“°”
    LcdWriteData(0x43); //显示“C”
}

/*-------------------------------------------------------------------
| 函数功能：主函数
| 传入参数：无
| 返 回 值：无
| 其他说明：无
-------------------------------------------------------------------*/
void Main(void)
{
    UCHAR a = 1,b = 1;
    UINT TMP;

    WARNING_LED = 1;

    LcdInitialise();
    DS18B20ChgTemp();

    while(1)
    {

     if(Key_Set_Count == 0)
     {
```

```
    if(a == 1)
    {
        b = 1;a = 0;
        LcdWriteCmd(0x01);
    }
    KeyScan();
    TMP = DS18B20ChgTemp();
    LcdDisplayTemp();
    TempAlarm(TMP);
   }
   else
   {
    if(b == 1)
    {
        a = 1;b = 0;
        LcdWriteCmd(0x01);
        LcdDisplaySetTips();
    }
    KeyScan();
    LcdDisplaySet(Temp_Max,Temp_Min);
   }
  }
}

//Main.h
/*-----------------------------------------------------------------------
| 程序作者：user
| 版 本 号：V1.0
| 编写时间：2016-01-01
| 其他说明：无
-----------------------------------------------------------------------*/
#ifndef _MAIN_H_
#define _MAIN_H_

#include <Reg51.h>
#include "Macro.h"
#include "Delay.h"
#include "Key.h"
#include "Lcd1602.h"
#include "Ds18b20.h"
#include "Led.h"

UCHAR code Now_Temp_Tips[] = "NowTemp:"; //温度显示提示语
UCHAR code Temp_Max_Tips[] = "Temp_Max:"; //最高温度提示语
UCHAR code Temp_Min_Tips[] = "Temp_Min:"; //最低温度提示语

#endif
```

编译时将以上几个C文件一起加到项目中，本程序在KeiluVision5中编译通过，在Proteus7.9中仿真通过。

考考你自己

（1） 如何加上时钟功能？

（2） 如何加声音报警？

附录 A　常用芯片引脚

单片机控制电路常用芯片引脚排列如图 A-1～图 A-16 所示。

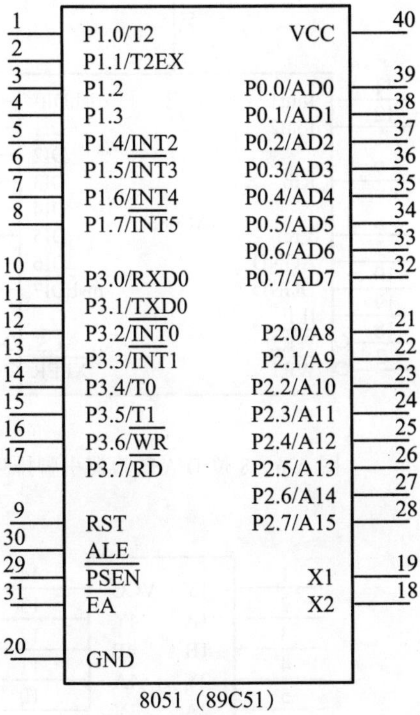

8051（89C51）

图 A-1　8 位 CPU 引脚排列

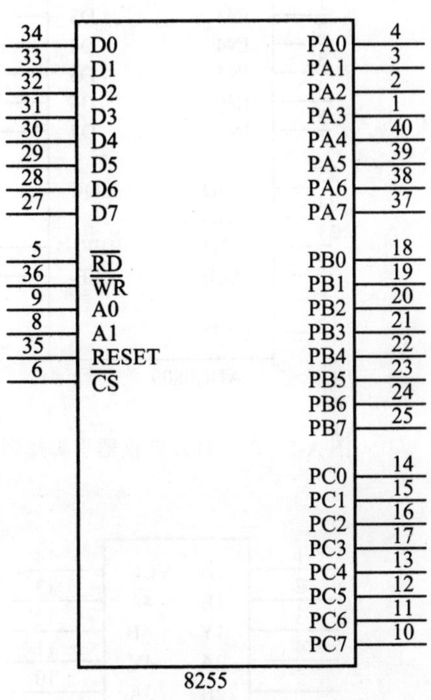

图 A-2　I/O 扩展 IC 芯片引脚排列

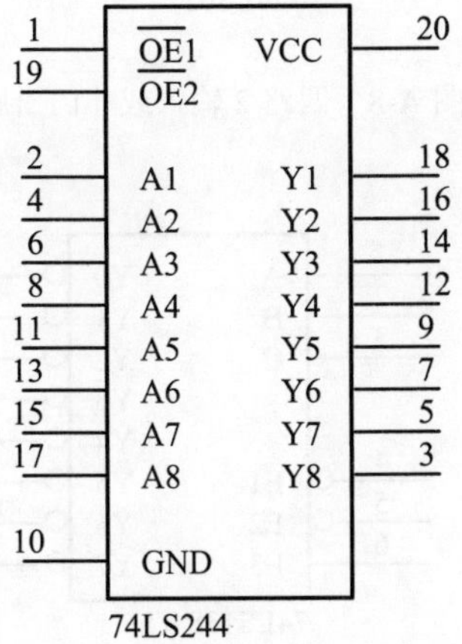

图 A-3　单向驱动器引脚排列

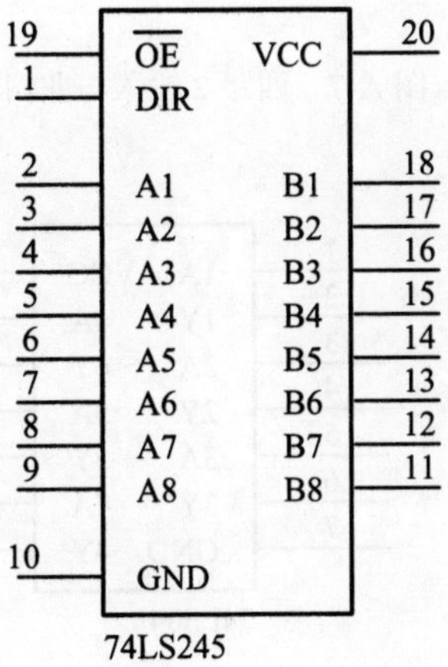

74LS245

图 A-4　双向驱动器引脚排列

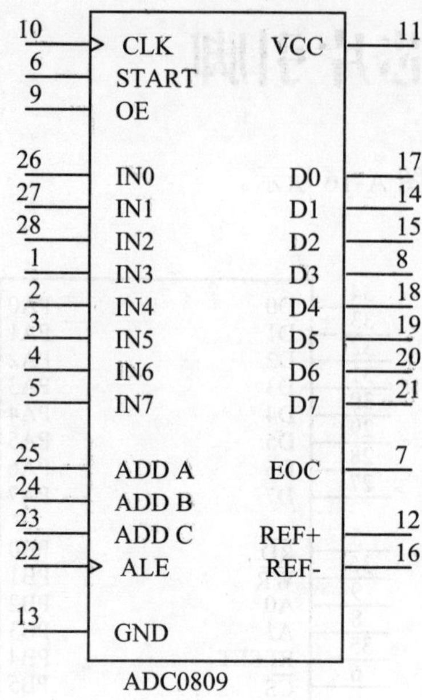

图 A-5 8 位 D/A 转换器引脚排列

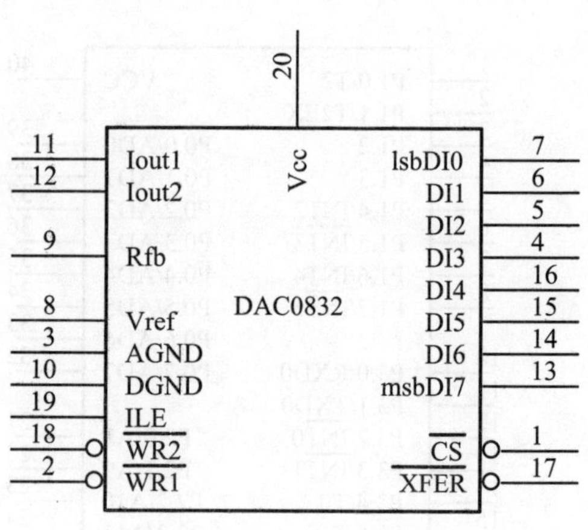

图 A-6 8 位 D/A 转换器引脚排列

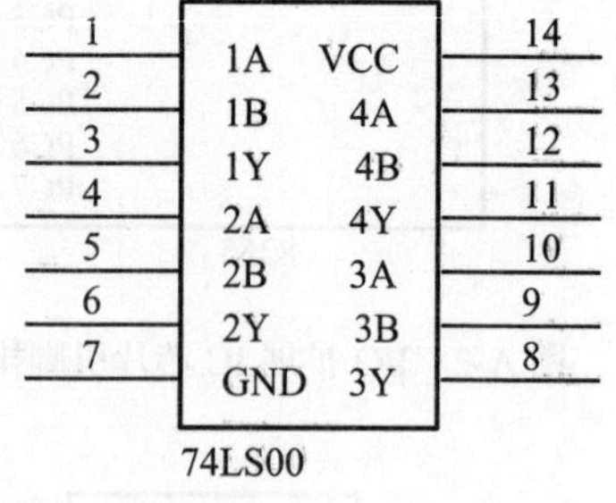

图 A-7 四路 2 输入与非门引脚排列

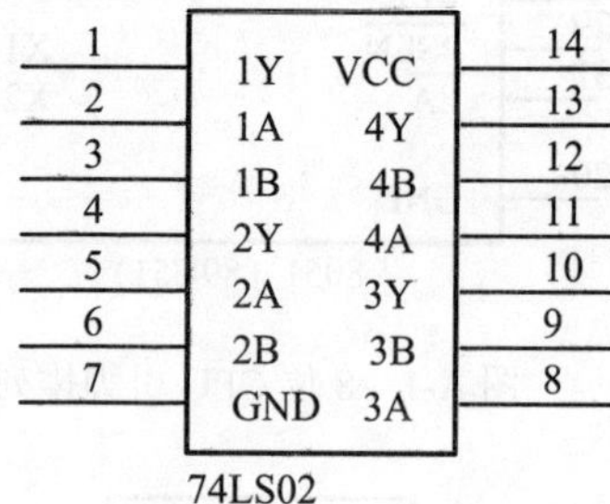

图 A-8 四路 2 输入或非门引脚排列

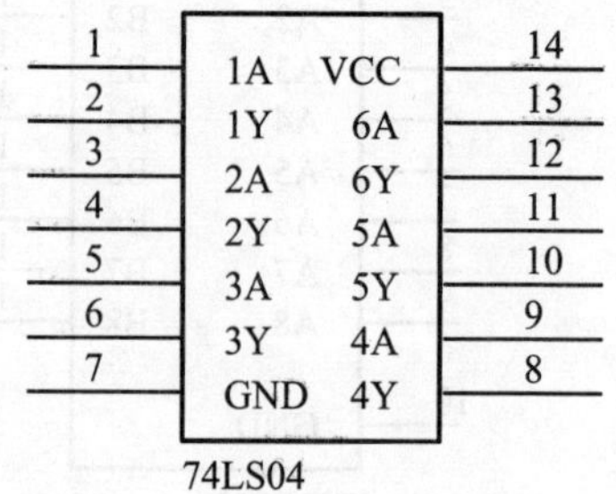

图 A-9 六路反向器引脚排列

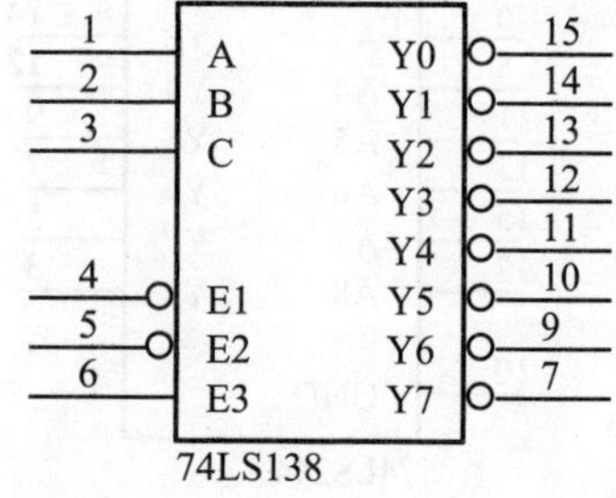

图 A-10 3-8 译码器引脚排列

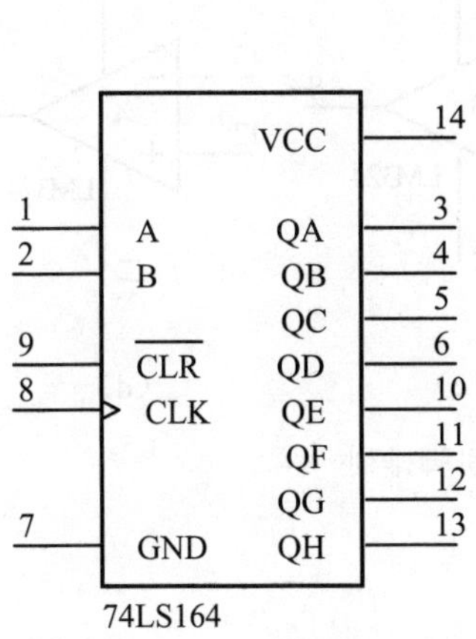

图 A-11　8 位串入/并出移位寄存器引脚排列

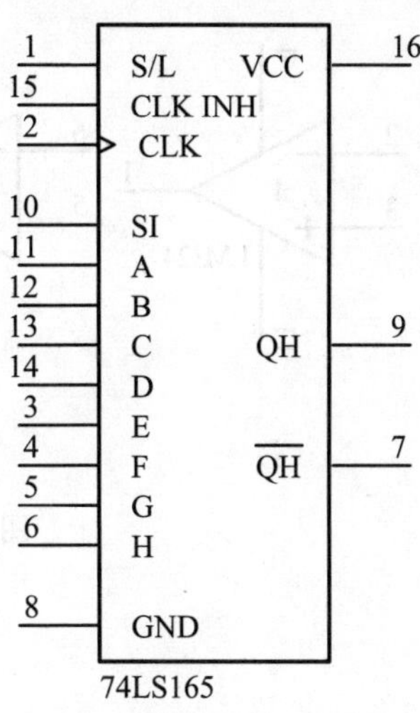

图 A-12　8 位并入/串出移位寄存器引脚排列

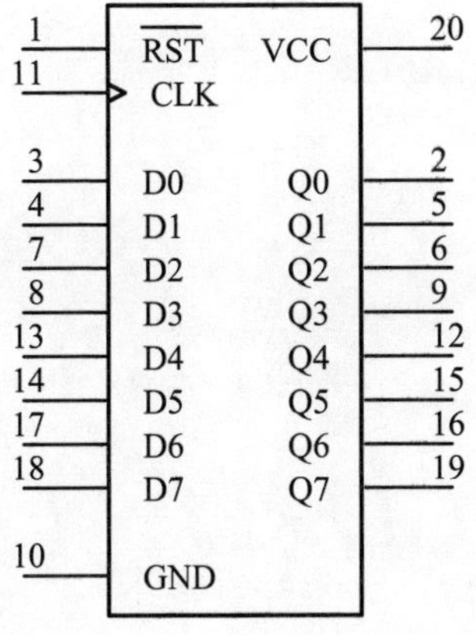

（a）74LS273

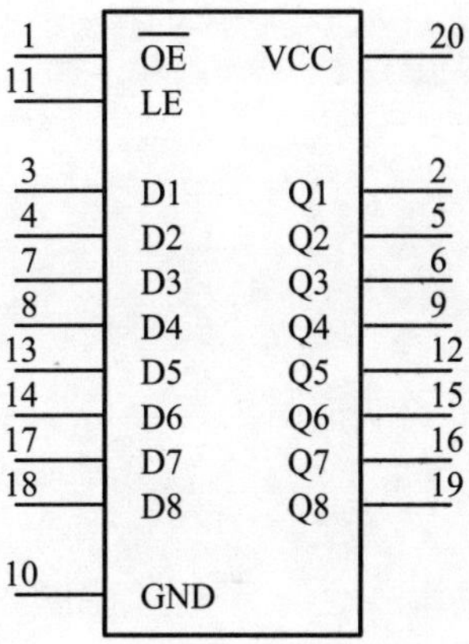

（b）74LS373

图 A-13　8D 锁存器引脚排列

图 A-14　RS-232 通信芯片引脚排列

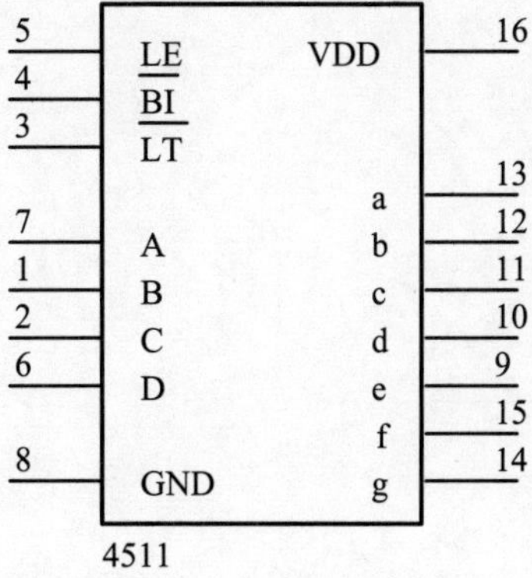

图 A-15　BCD 译码器引脚排列

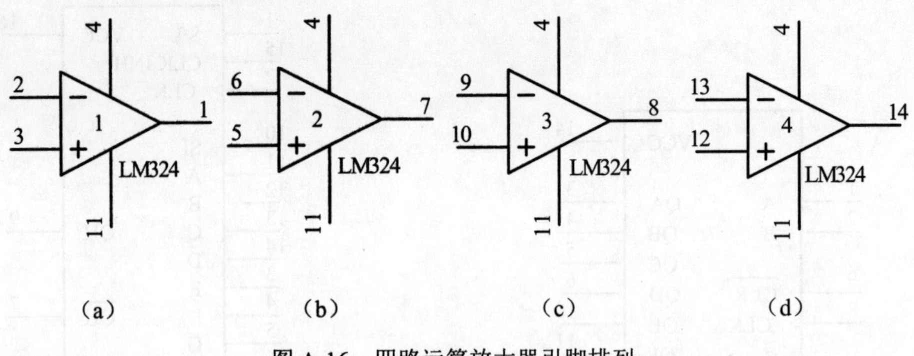

图 A-16　四路运算放大器引脚排列

附录B　ASCII码表

表B-1列出了ASCII字符集。每一个字符有ASCII码的十进制数、十六进制数和对应字符。

表B-1　ASCII码表

十进制数	十六进制数	字符	十进制数	十六进制数	字符	十进制数	十六进制数	字符
0	00	NUL	24	18	CAN	48	30	0
1	01	SOH	25	19	EM	49	31	1
2	02	STX	26	1A	SUB	50	32	2
3	03	X	27	1B	ESC	51	33	3
4	04		28	1C	FS	52	34	4
5	05	ENQ	29	1D	GS	53	35	5
6	06	ACK	30	1E	RS	54	36	6
7	07	BEL	31	1F	US	55	37	7
8	08	BS	32	20	SPACE	56	38	8
9	09	TAB	33	21	!	57	39	9
10	0A	LF	34	22	″	58	3A	:
11	0B	VT	35	23	#	59	3B	;
12	0C	FF	36	24	$	60	3C	<
13	0D	CR	37	25	%	61	3D	=
14	0E	SO	38	26	&	62	3E	>
15	0F	SI	39	27	‘	63	3F	?
16	10	DLE	40	28	(	64	40	@
17	11	DC1	41	29	)	65	41	A
18	12	DC2	42	2A	*	66	42	B
19	13	DC3	43	2B	+	67	43	C
20	14	DC4	44	2C	,	68	44	D
21	15	NAK	45	2D	-	69	45	E
22	16	SYN	46	2E	.	70	46	F
23	17	ETB	47	2F	/	71	47	G
72	48	H	91	5B	[	110	6E	n
73	49	I	92	5C	\	111	6F	o
74	4A	J	93	5D	]	112	70	p
75	4B	K	94	5E	^	113	71	q
76	4C	L	95	5F	—	114	72	r
77	4D	M	96	60	`	115	73	s
78	4E	N	97	61	a	116	74	t
79	4F	O	98	62	b	117	75	u
80	50	P	99	63	c	118	76	v
81	51	Q	100	64	d	119	77	w

（续表）

十进制数	十六进制数	字符	十进制数	十六进制数	字符	十进制数	十六进制数	字符
82	52	R	101	65	e	120	78	x
83	53	S	102	66	f	121	79	y
84	54	T	103	67	g	122	7A	z
85	55	U	104	68	h	123	7B	{
86	56	V	105	69	i	124	7C	|
87	57	W	106	6A	j	125	7D	}
88	58	X	107	6B	k	126	7E	～
89	59	Y	108	6C	l	127	7F	del
90	5A	Z	109	6D	m			

附录C　单片机装调工专项能力认证

单片机装调工专项能力认证鉴定标准（中级）

一、知识要求

1. 掌握单片机的基本结构。

2. 掌握指令系统的基本使用（包括数据传送指令、算术指令、逻辑指令、位操作指令、控制及转移指令）。

3. 理解键盘和显示系统的结构与工作原理（包括硬件与软件）。

4. 理解定时器的结构与工作原理（包括硬件与软件）。

5. 理解中断的结构与工作原理（包括硬件与软件）。

6. 掌握常用元器件的结构、符号、测量与基本使用（包括电阻器、电容器、二极管、三极管、蜂鸣器等）。

7. 掌握微幅调试软件的基本使用。

8. 掌握元件的整形与焊接。

9. 掌握直流电源的基本使用。

10. 掌握万用表的基本使用。

11. 掌握编程器的基本使用。

二、技能要求

1. 具有硬件系统的安装、调试与维修能力。

2. 具有编写简单的单片机程序的能力。

3. 具有硬件与软件结合的综合调试能力。

4. 具有熟练使用万用表、直流电源的能力。

5. 具有熟练使用伟福仿真软件及仿真机的能力。

6. 具有熟练使用编程器的能力。

三、考核方法

单片机应用技能考核时量为 180 分钟（共三个小时），全部为实操考试，学生允许带一本参考教材。

实操考试要求考生先对照所给出的电路图，焊接电路，然后根据题目的具体要求，编写应用软件，并进行硬件与软件的综合调试，完成整个产品的制作。

1. 焊接与调试电路

考生先用万用表测量元件好坏，然后对照试卷所给出的电路图焊接电路（使用万用板），并进行硬件调试。要求元器件整形美观、布局合理、焊点光滑、无毛刺、无虚焊、无漏焊。

2. 编写与调试软件

考生根据试题要求，利用微幅仿真软件编写软件，并进行软件调试。考生编好的软件要符合试卷要求，并且可读性强、逻辑合理。

3. 硬件与软件的综合调试

将调试好的软件通过编程器烧写入芯片，并进行硬与软件的综合调试，使硬件与软件符合试卷要求。

四、评分标准

1. 元器件整形焊接 40 分

（1） 要求

① 元器件整形美观、布局合理。

② 焊点光滑、无毛刺、无虚焊、漏焊。

（2） 扣分细则

序　号	项　目	总　分	扣分原则
1	元器件整形	5	整形不规范，一个元器件扣 0.5 分。
2	元器件布局	10	根据具体布局情况，酌情扣 0～10 分。
3	元器件焊接	25	漏焊一个扣 1 分；虚焊一个扣 1 分；焊点一处不光滑或有毛刺扣 0.5 分。

2. 软件的编写、调试 50 分

（1） 要求

根据题目要求，编写结构合理、可读性强的软件，并进行调试。

（2） 扣分细则

序　号	项　目	总　分	扣分原则
1	编写软件	35	写错一条指令扣 1 分；漏写一条指令扣 1 分。
2	优化软件	10	结构不合理扣酌情扣 0～10 分。
3	调试、产生 OBJ 或 HEX 文件	5	产生的 OBJ 或 HEX 文件不正确酌情扣 2～4 分；没有产生 OBJ 或 HEX 文件扣 5 分。

3. 软件的烧写 10 分

（1） 要求

能将产生的 OBJ 或 HEX 文件正确烧写入芯片。

（2） 扣分细则

序　　号	项　　目	总　　分	扣分原则
1	烧写软件	10	没有写入扣 10 分；烧写入错误酌情扣 1～10 分。

五、考试的组织

本技能鉴定由劳动厅鉴定中心统一组织，统一收费，其中技能考核元器件费用为 30 元，考生考完后，电路板统一上缴给省鉴定中心。

六、参考题目

1. 交通灯控制
2. 彩灯控制
3. 抢答器
4. LED 灯控制
5. 定时显示
6. 学号显示

单片机装调工专项能力认证（中级）模拟试题 1

姓名：____________准考证号：________________成绩：____________

第一部分　元件整形焊接（40 分）

一、考试要求

1．将需要焊接的元件整形。

2. 根据图 C-1 焊接霓虹灯电路。

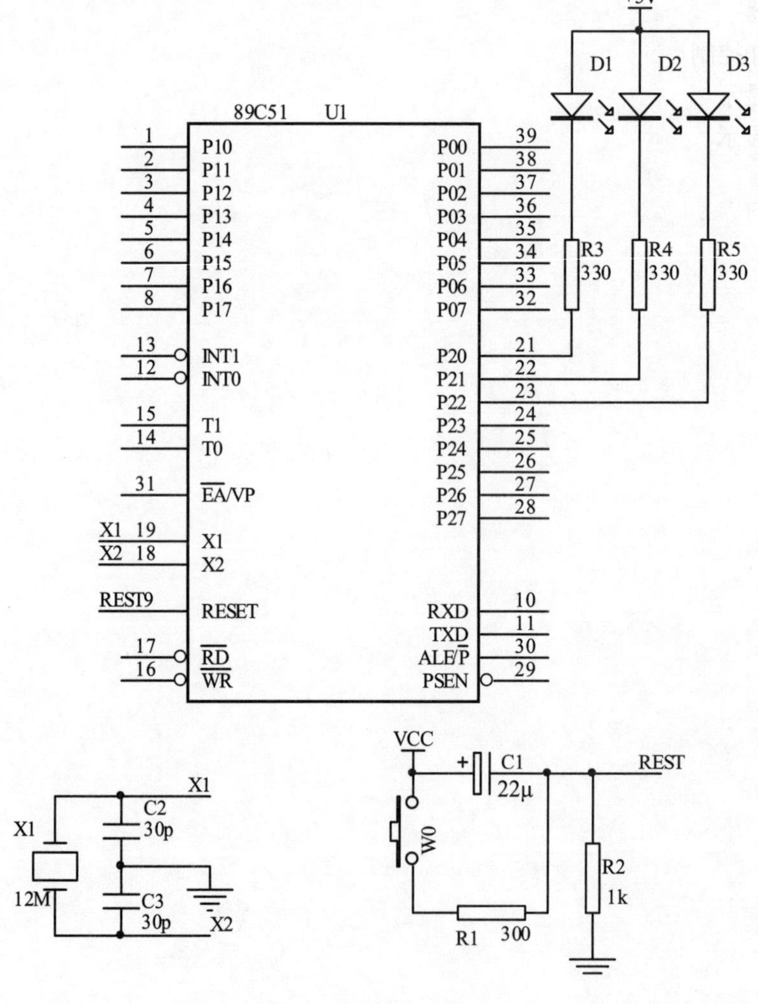

图 C-1　霓虹灯电路图

二、评分方法

1. 元件整形正确、美观得 5 分；整形不规范，一个元件扣 0.5 分。

2. 元件布局合理得 10 分；元件布局不合理扣 1～10 分。

3. 能正确焊接，且焊点光滑美观得 25 分，漏焊一个扣 1 分；虚焊一个扣 0.5 分；焊点一处不光滑或有毛刺扣 0.5 分。

元件整形焊接评分表

项　目	总　分	得　分
元件整形	5	
元件布局	10	
元件焊接	25	

时间：　　　　　　　考评员：　　　　　　　评分：

第二部分　编写、调试软件（50 分）

一、考试要求

1. 编写软件，要求发光二极管 D1～D3 从左至右每隔 0.2 秒循环点亮，焊接电路如图 C-1 所示。

2. 程序结构合理、可读性强。

3. 将原文件转换为 OBJ 或 HEX 文件。

二、评分方法

1. 能正确编写软件得 35 分，写错一条指令扣 1 分，漏写一条指令扣 1 分。

2. 软件优化合理得 10 分，软件结构不合理扣酌情扣 1～10 分。

3. 能正确调试、产生 OBJ 或 HEX 文件得 5 分，产生的 OBJ 或 HEX 文件不正确酌情扣 2～4 分；没有产生 OBJ 或 HEX 文件扣 5 分。

编写、调试软件评分表

项　目	总　分	得　分
编写软件	35	
优化软件	10	
调试、产生 OBJ 或 HEX 文件	5	

时间：　　　　　　　考评员：　　　　　　　评分：

第三部分　烧写软件（10 分）

一、考试要求

将 OBJ 或 HEX 文件正确烧写入芯片。

二、评分方法

能将产生的 OBJ 或 HEX 文件正确烧写入芯片得 10 分，没有写入扣 10 分；烧写入错误酌情扣 1～10 分。

软件烧写评分表

项　目	总　分	得　分
烧写软件	10	

时间：　　　　　　　　考评员：　　　　　　　　评分：

单片机装调工专项能力认证（中级）模拟试题2

姓名：＿＿＿＿＿＿准考证号：＿＿＿＿＿＿＿成绩：＿＿＿＿＿＿

第一部分 元件整形焊接（40分）

一、考试要求

1. 将需要焊接的元件整形。
2. 根据图C-2焊接广告灯电路。

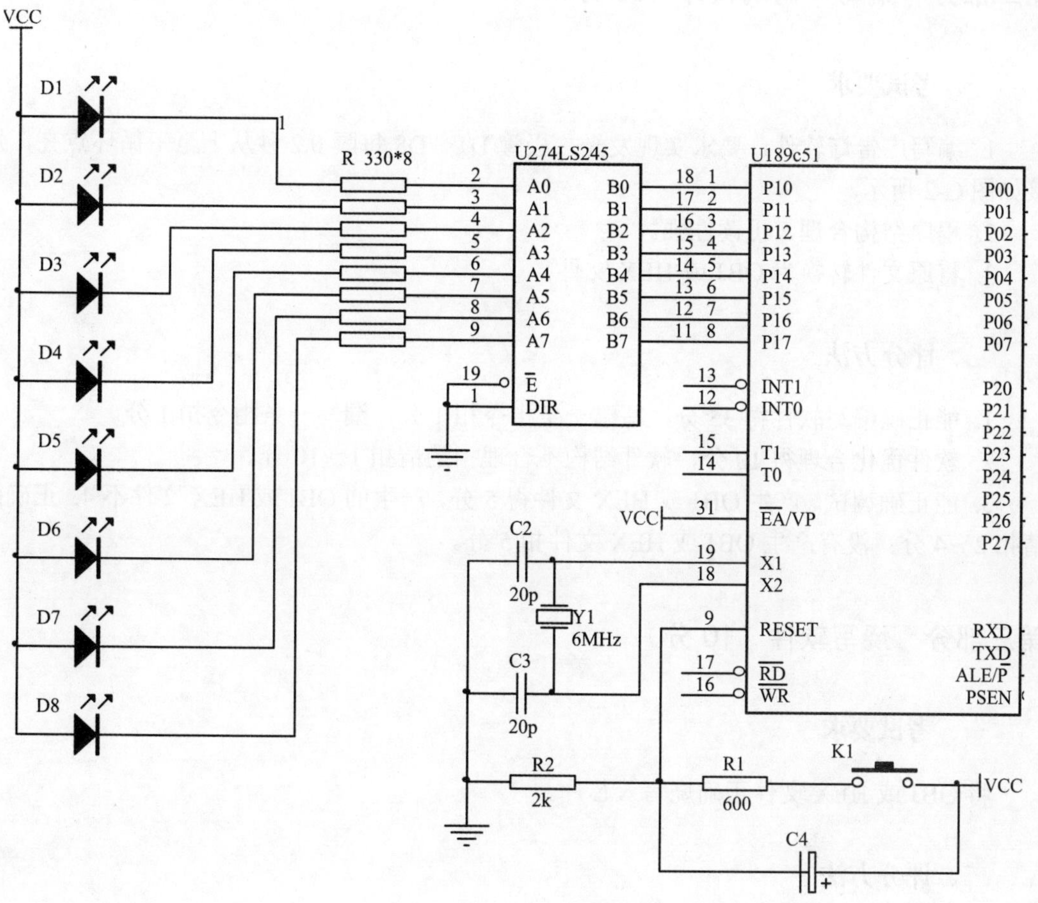

图C-2 广告灯电路图

二、评分方法

1. 元件整形正确、美观得 5 分；整形不规范，一个元件扣 0.5 分。

2. 元件布局合理得 10 分；元件布局不合理扣 1～10 分。

3. 能正确焊接，且焊点光滑美观得 25 分，漏焊一个扣 1 分；虚焊一个扣 0.5 分；焊点一处不光滑或有毛刺扣 0.5 分。

元件整形焊接评分表

项　目	总　分	得　分
元件整形	5	
元件布局	10	
元件焊接	25	

时间：　　　　　　　考评员：　　　　　　　评分：

第二部分　编写、调试软件（50 分）

一、考试要求

1. 编写广告灯软件，要求实现发光二极管 D1～D8 每隔 0.2 秒从上至下循环点亮，焊接如图 C-2 所示。

2. 程序结构合理、可读性强。

3. 将原文件转换为 OBJ 或 HEX 文件。

二、评分方法

1. 能正确编写软件得 35 分，写错一条指令扣 1 分，漏写一条指令扣 1 分。

2. 软件优化合理得 10 分，软件结构不合理扣酌情扣 1～10 分。

3. 能正确调试、产生 OBJ 或 HEX 文件得 5 分，产生的 OBJ 或 HEX 文件不 4. 正确酌情扣 2～4 分；没有产生 OBJ 或 HEX 文件扣 5 分。

第三部分　烧写软件（10 分）

一、考试要求

将 OBJ 或 HEX 文件正确烧写入芯片。

二、评分方法

能将产生的 OBJ 或 HEX 文件正确烧写入芯片得 10 分，没有写入扣 10 分；烧写入错误酌情扣 1～10 分。

软件烧写评分表

项　　目	总　　分	得　　分
烧写软件	10	

时间：　　　　　　　考评员：　　　　　　　评分：

单片机装调工专项能力认证（中级）模拟试题 3

姓名：____________准考证号：______________成绩：____________

第一部分　元件整形焊接（40 分）

一、考试要求

1. 将需要焊接的元件整形。
2. 根据图 C-3 焊接单片机抢答控制电路。

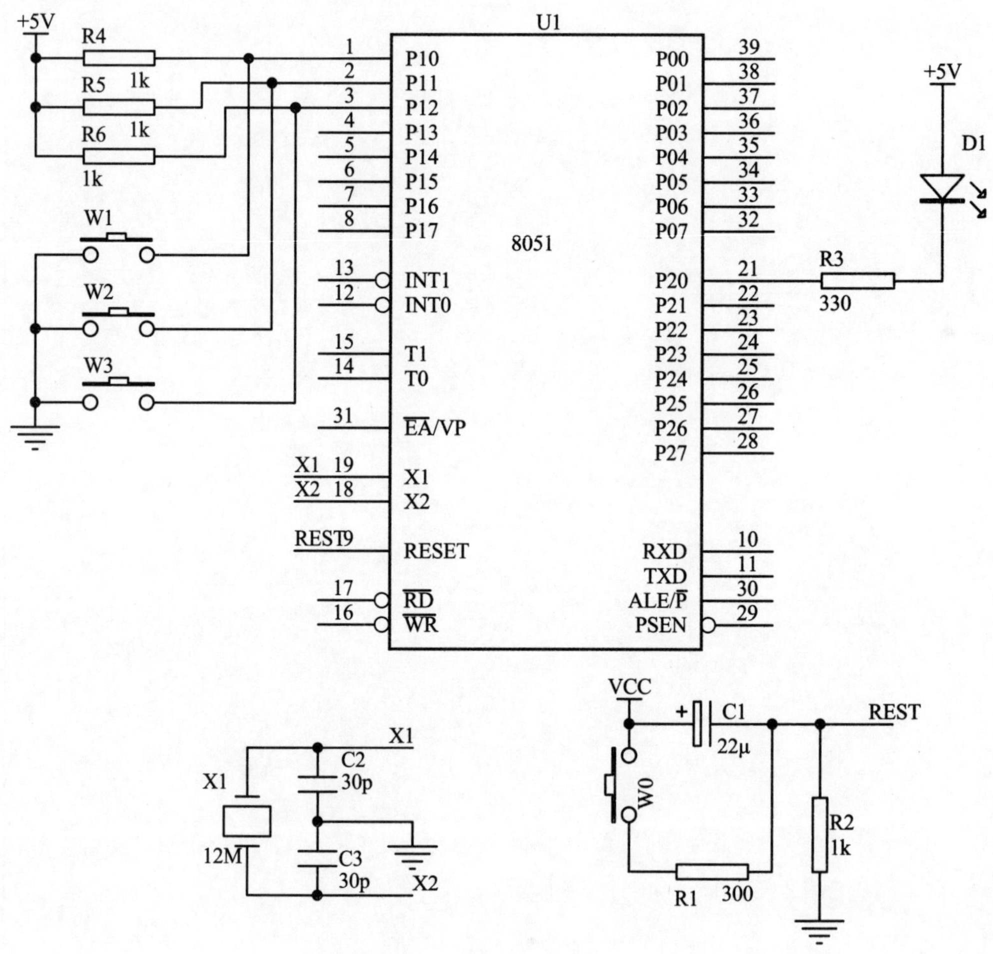

图 C-3　单片机抢答控制电路

二、评分方法

1. 元件整形正确、美观得 5 分；整形不规范，一个元件扣 0.5 分。

2. 元件布局合理得 10 分；元件布局不合理扣 1～10 分。

3. 能正确焊接，且焊点光滑美观得 25 分，漏焊一个扣 1 分；虚焊一个扣 0.5 分；焊点一处不光滑或有毛刺扣 0.5 分。

元件整形焊接评分表

项　目	总　分	得　分
元件整形	5	
元件布局	10	
元件焊接	25	

时间：　　　　　　　　考评员：　　　　　　　　评分：

第二部分　编写、调试软件（50 分）

一、考试要求

1. 编写软件要求：

（1）抢答器应能实现抢答功能，即先按者有效。

（2）抢答器在有人按下时，灯亮。

（3）抢答器应能在控制者的控制下，能再次进行抢答。

2. 程序结构合理、可读性强。

3. 将原文件转换为 OBJ 或 HEX 文件。

二、评分方法

1. 能正确编写软件得 35 分，写错一条指令扣 1 分，漏写一条指令扣 1 分。

2. 软件优化合理得 10 分，软件结构不合理扣酌情扣 1～10 分。

3. 能正确调试、产生 OBJ 或 HEX 文件得 5 分，产生的 OBJ 或 HEX 文件不正确酌情扣 2～4 分；没有产生 OBJ 或 HEX 文件扣 5 分。

编写、调试软件评分表

项　目	总　分	得　分
编写软件	35	
优化软件	10	
调试、产生 OBJ 或 HEX 文件	5	

时间：　　　　　　　　考评员：　　　　　　　　评分：

第三部分　烧写软件（10 分）

一、考试要求

将 OBJ 或 HEX 文件正确烧写入芯片。

二、评分方法

能将产生的 OBJ 或 HEX 文件正确烧写入芯片得 10 分，没有写入扣 10 分，烧写入错误酌情扣 1～10 分。

软件烧写评分表

项　目	总　分	得　分
烧写软件	10	

时间：　　　　　　　　考评员：　　　　　　　　评分：

单片机装调工专项能力认证（中级）模拟试题 4

姓名：____________准考证号：________________成绩：____________

第一部分　元件整形焊接（40 分）

一、考试要求

1．将需要焊接的元件整形。

2.根据图 C-4 焊接秒表时钟电路。

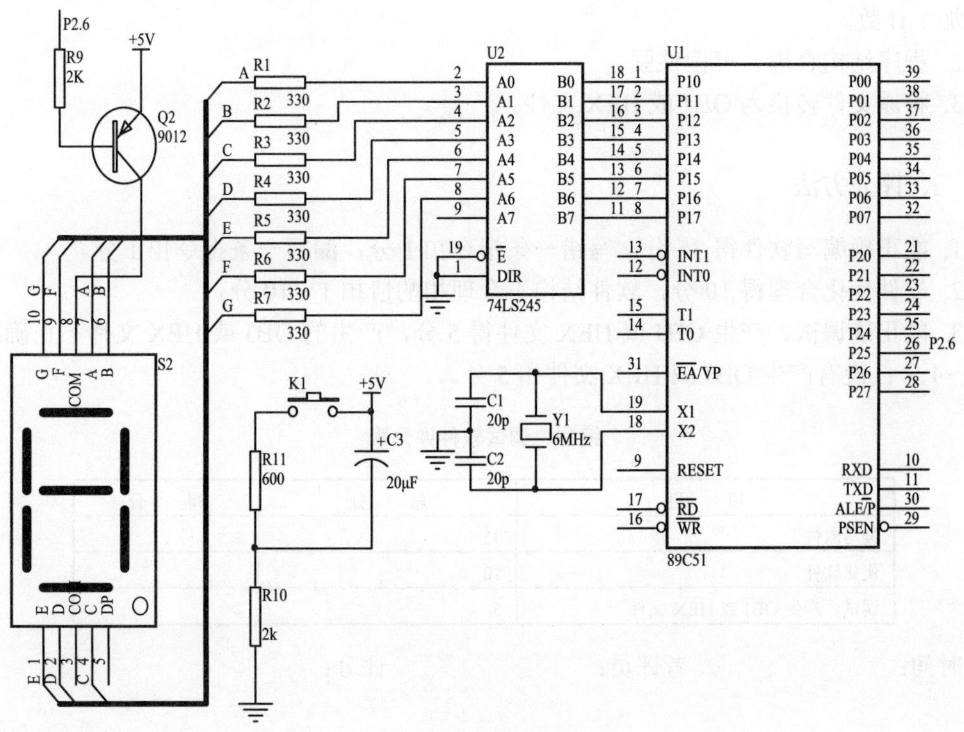

图 C-4　秒表时钟电路图

二、评分方法

1. 元件整形正确、美观得 5 分；整形不规范，一个元件扣 0.5 分。

2. 元件布局合理得 10 分；元件布局不合理扣 1～10 分。

3. 能正确焊接，且焊点光滑美观得 25 分，漏焊一个扣 1 分；虚焊一个扣 0.5 分；焊点一处不光滑或有毛刺扣 0.5 分。

元件整形焊接评分表

项　目	总　分	得　分
元件整形	5	
元件布局	10	
元件焊接	25	

时间：　　　　　　　考评员：　　　　　　　评分：

第二部分　编写、调试软件（50分）

一、考试要求

1. 编写软件，要求完成秒表计数功能，能从00～59范围内加1计数，每隔1秒进行一次加1计数。

2. 程序结构合理、可读性强。

3. 将原文件转换为OBJ或HEX文件。

二、评分方法

1. 能正确编写软件得35分，写错一条指令扣1分，漏写一条指令扣1分。

2. 软件优化合理得10分，软件结构不合理扣酌情扣1～10分。

3. 能正确调试、产生OBJ或HEX文件得5分，产生的OBJ或HEX文件不正确酌情扣2～4分；没有产生OBJ或HEX文件扣5分。

编写、调试软件评分表

项　目	总　分	得　分
编写软件	35	
优化软件	10	
调试、产生OBJ或HEX文件	5	

时间：　　　　　　　考评员：　　　　　　　评分：

第三部分　烧写软件（10分）

一、考试要求

将OBJ或HEX文件正确烧写入芯片。

二、评分方法

能将产生的OBJ或HEX文件正确烧写入芯片得10分，没有写入扣10分；烧写入错误酌情扣 1～10 分。

软件烧写评分表

项　目	总　分	得　分
烧写软件	10	

时间：　　　　　　考评员：　　　　　　评分：

单片机装调工专项能力认证（中级）模拟试题 5

姓名：______________准考证号：__________________成绩：______________

第一部分　元件整形焊接（40 分）

一、考试要求

1．将需要焊接的元件整形。

2.根据图 C-5 焊接交通灯电路。

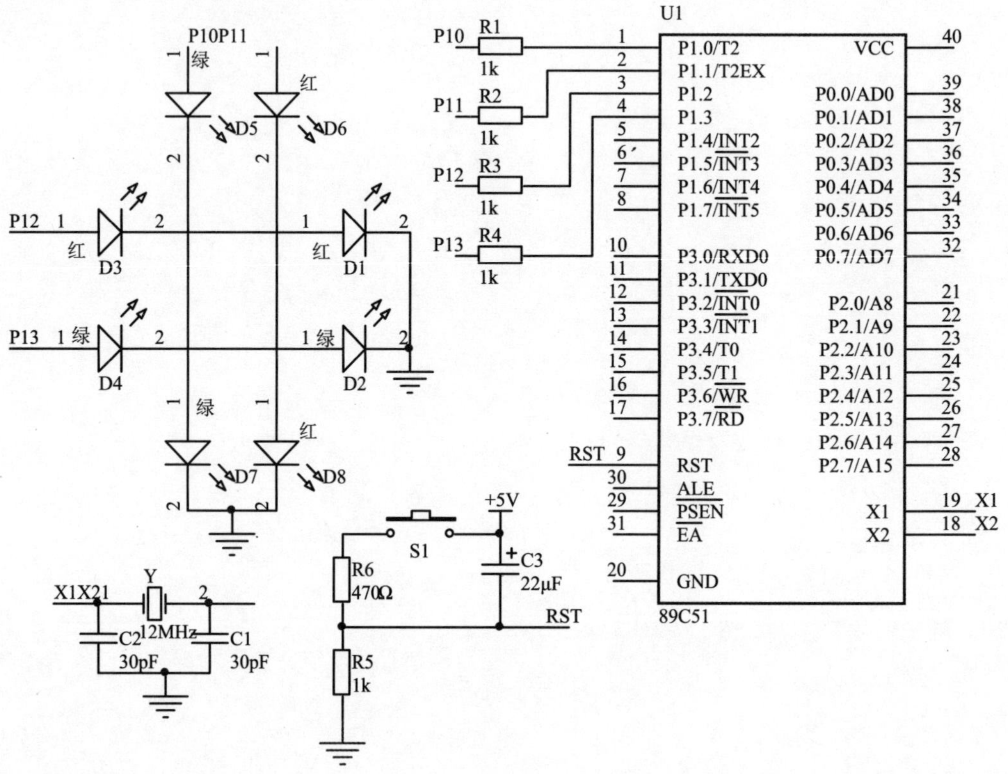

图 C-5　交通灯电路图

二、评分方法

1. 元件整形正确、美观得 5 分；整形不规范，一个元件扣 0.5 分。
2. 元件布局合理得 10 分；元件布局不合理扣 1～10 分。
3. 能正确焊接，且焊点光滑美观得 25 分，漏焊一个扣 1 分；虚焊一个扣 0.5 分；焊点一处不光滑或有毛刺扣0.5分。

元件整形焊接评分表

项　目	总　分	得　分
元件整形	5	
元件布局	10	
元件焊接	25	

时间：　　　　　　　　考评员：　　　　　　　　评分：

第二部分　编写、调试软件（50分）

一、考试要求

1. 编写软件，要求完成交通灯功能，红绿灯每隔30秒轮换点亮一次。
2. 程序结构合理、可读性强。
3. 将原文件转换为OBJ或HEX文件。

二、评分方法

1. 能正确编写软件得35分，写错一条指令扣1分，漏写一条指令扣1分。
2. 软件优化合理得10分，软件结构不合理扣酌情扣1～10分。
3. 能正确调试、产生OBJ或HEX文件得5分，产生的OBJ或HEX文件不正确酌情扣2～4分；没有产生OBJ或HEX文件扣5分。

编写、调试软件评分表

项　目	总　分	得　分
编写软件	35	
优化软件	10	
调试、产生OBJ或HEX文件	5	

时间：　　　　　　　　考评员：　　　　　　　　评分：

第三部分　烧写软件（10分）

一、考试要求

将OBJ或HEX文件正确烧写入芯片。

二、评分方法

能将产生的 OBJ 或 HEX 文件正确烧写入芯片得 10 分，没有写入扣 10 分；烧写入错误酌情扣 1～10 分。

软件烧写评分表

项　　目	总　　分	得　　分
烧写软件	10	

时间：　　　　　　　　考评员：　　　　　　　　评分：

单片机装调工专项能力认证（中级）模拟试题6

姓名：＿＿＿＿＿＿＿准考证号：＿＿＿＿＿＿＿＿成绩：＿＿＿＿＿＿

第一部分　元件整形焊接（40分）

一、考试要求

1．将需要焊接的元件整形。

2. 根据图C-6焊接独立键盘电路。

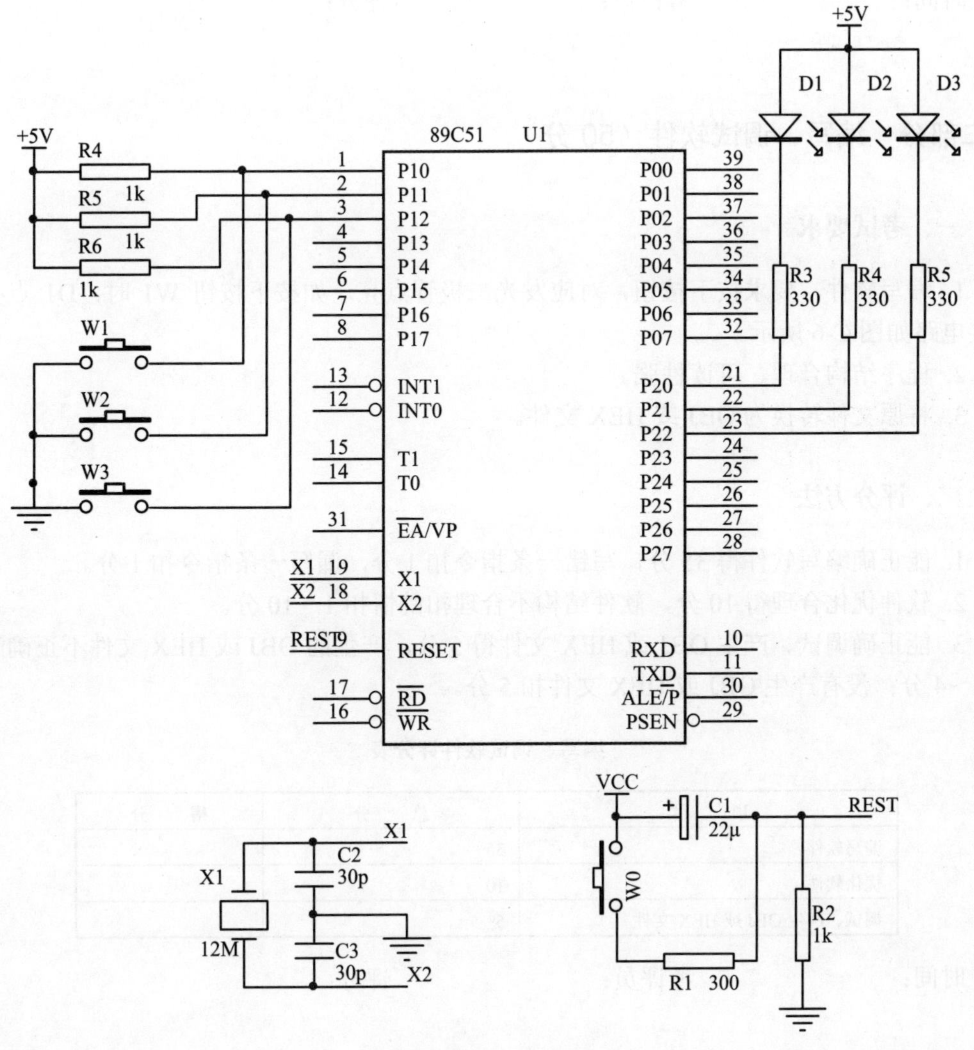

图C-6　独立键盘电路

二、评分方法

1. 元件整形正确、美观得 5 分；整形不规范，一个元件扣 0.5 分。

2. 元件布局合理得 10 分；元件布局不合理扣 1～10 分。

3. 能正确焊接，且焊点光滑美观得 25 分，漏焊一个扣 1 分；虚焊一个扣 0.5 分；焊点一处不光滑或有毛刺扣 0.5 分。

元件整形焊接评分表

项　　目	总　　分	得　　分
元件整形	5	
元件布局	10	
元件焊接	25	

时间：　　　　　　　　考评员：　　　　　　　　评分：

第二部分　编写、调试软件（50 分）

一、考试要求

1. 编写软件，要求按下按钮，对应发光二极管点亮，如按下按钮 W1 时，D1 点亮，焊接电路如图 C-6 所示。

2. 程序结构合理、可读性强。

3. 将原文件转换为 OBJ 或 HEX 文件。

二、评分方法

1. 能正确编写软件得 35 分，写错一条指令扣 1 分，漏写一条指令扣 1 分。

2. 软件优化合理得 10 分，软件结构不合理扣酌情扣 1～10 分。

3. 能正确调试、产生 OBJ 或 HEX 文件得 5 分，产生的 OBJ 或 HEX 文件不正确酌情扣 2～4 分；没有产生 OBJ 或 HEX 文件扣 5 分。

编写、调试软件评分表

项　　目	总　　分	得　　分
编写软件	35	
优化软件	10	
调试、产生 OBJ 或 HEX 文件	5	

时间：　　　　　　　　考评员：　　　　　　　　评分：

第三部分　烧写软件（10 分）

一、考试要求

将 OBJ 或 HEX 文件正确烧写入芯片。

二、评分方法

能将产生的 OBJ 或 HEX 文件正确烧写入芯片得 10 分，没有写入扣 10 分；烧写入错误酌情扣 1～10 分。

软件烧写评分表

项　　目	总　　分	得　　分
烧写软件	10	

时间：　　　　　　　　考评员：　　　　　　　　评分：

单片机装调工专项能力认证（中级）模拟试题 7

姓名：__________准考证号：______________成绩：__________

第一部分　元件整形焊接（40 分）

一、考试要求

1．将需要焊接的元件整形。

2. 根据图 C-7 焊接彩灯电路。

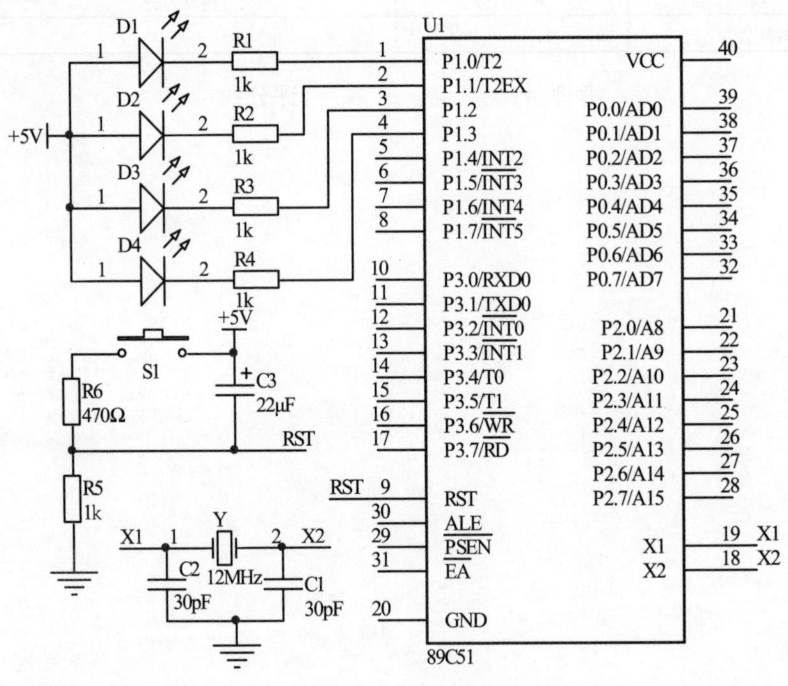

图 C-7　彩灯电路图

二、评分方法

1. 元件整形正确、美观得 5 分；整形不规范，一个元件扣 0.5 分。

2. 元件布局合理得 10 分；元件布局不合理扣 1～10 分。

3. 能正确焊接，且焊点光滑美观得 25 分，漏焊一个扣 1 分；虚焊一个扣 0.5 分；焊点一处不光滑或有毛刺扣 0.5 分。

元件整形焊接评分表

项　目	总　分	得　分
元件整形	5	
元件布局	10	
元件焊接	25	

时间：　　　　　　　　考评员：　　　　　　　　评分：

第二部分　编写、调试软件（50分）

一、考试要求

1. 编写软件，要求所有发光二极管先闪烁两次（亮灭时间均为1秒），然后从上亮到下（点亮时间为1秒），。

2. 程序结构合理、可读性强。

3. 将原文件转换为OBJ或HEX文件。

二、评分方法

1. 能正确编写软件得35分，写错一条指令扣1分；漏写一条指令扣1分。

2. 软件优化合理得10分，软件结构不合理扣酌情扣1～10分。

3. 能正确调试、产生OBJ或HEX文件得5分，产生的OBJ或HEX文件不正确酌情扣2～4分；没有产生OBJ或HEX文件扣5分。

编写、调试软件评分表

项　目	总　分	得　分
编写软件	35	
优化软件	10	
调试、产生OBJ或HEX文件	5	

时间：　　　　　　　　考评员：　　　　　　　　评分：

第三部分　烧写软件（10分）

一、考试要求

将OBJ或HEX文件正确烧写入芯片。

二、评分方法

能将产生的OBJ或HEX文件正确烧写入芯片得10分，没有写入扣10分；烧写入错误酌情扣1～10分。

软件烧写评分表

项　　目	总　　分	得　　分
烧写软件	10	

时间：　　　　　　　考评员：　　　　　　　评分：